机械行业高等职业教育系列教材
高等职业教育教学改革精品教材

机械设计基础课程设计

主　编　刘永利　王宏臣
副主编　张月平　万苏文
参　编　王鹏程　肖玉星　冯德学　胡　俊
主　审　何时剑

机 械 工 业 出 版 社

本教材是“十二五”江苏省高等学校重点专业建设项目成果之一。

本书以齿轮减速器的设计为主体，系统地介绍了设计内容、设计步骤和设计方法。内容主要包括机械设计基础课程设计概述、传动装置的总体设计、传动零件的设计与计算、装配草图的设计、装配图设计、零件工作图的绘制与零件的设计、编写课程设计说明书并准备答辩、机械设计基础课程设计案例等。附录中的内容包含了机械零件设计手册及有关的最新国家标准与规范的相关内容。本书各部分内容有机结合，具有简明性、针对性、实用性和先进性。

本教材可作为高等职业教育机电类专业教学用书，也可作为各种层次继续教育的培训教材用书，还可以供有关技术人员参考。

图书在版编目（CIP）数据

机械设计基础课程设计/刘永利，王宏臣主编．—北京：机械工业出版社，2014.7（2026.2 重印）
机械行业高等职业教育系列教材　高等职业教育教学改革精品教材
ISBN 978-7-111-47350-3

Ⅰ.①机…　Ⅱ.①刘…②王…　Ⅲ.①机械设计—课程设计—高等职业教育—教材　Ⅳ.①TH122-41

中国版本图书馆 CIP 数据核字（2014）第 153016 号

机械工业出版社（北京市百万庄大街 22 号　邮政编码 100037）
策划编辑：边　萌　责任编辑：王　丹　边　萌　王宇飞
责任校对：陈　越　封面设计：鞠　杨
责任印制：刘　媛
北京建宏印刷有限公司印刷
2026 年 2 月第 1 版第 10 次印刷
184mm×260mm · 7.5 印张 · 175 千字
标准书号：ISBN 978-7-111-47350-3
定价：23.00 元

电话服务	网络服务
客服电话：010-88361066	机　工　官　网：www.cmpbook.com
010-88379833	机　工　官　博：weibo.com/cmp1952
010-68326294	金　书　网：www.golden-book.com
封底无防伪标均为盗版	机工教育服务网：www.cmpedu.com

前　言

本教材是“十二五”江苏省高等学校重点专业建设项目成果之一，其目的在于以区域经济社会发展和产业转型升级对高素质技能型专门人才的需求为依据，按照“工学结合、校企合作、顶岗实习”人才培养模式的要求，根据专业群所面向的特定“服务域”，明确各专业之间的依赖关系，深入分析专业群内核心专业与相关专业和课程的共性与差异性，围绕核心岗位的工作领域构建专业群核心课程，按照核心岗位涉及的工作内容确定课程内容，形成公共平台与多个专业方向彼此联系、相互渗透、共享开放的课程体系。

本书按照高职高专院校机械类或近机械类专业公共平台机械设计基础课程教学的要求，采用最新国家标准，结合高职院校近年来教学改革的经验与成果进行编写。全书内容分为8章和附录，内容编排重在满足学生课程设计实践的要求，每个章节内容力求详细而实用，专门在第8章提供了课程设计案例，方便学生自主学习，提高学生分析问题、解决问题的应用能力。

本书以齿轮减速器的设计为主体，系统地介绍了设计内容、设计步骤和设计方法。内容主要包括机械设计基础课程设计概述、传动装置的总体设计、传动零件的设计与计算、装配草图的设计、装配图设计、零件工作图的绘制与零件的设计、编写课程设计说明书并准备答辩、机械设计基础课程设计案例等。附录中的内容包含了机械零件设计手册以及有关的最新国家标准与规范的相关内容。书中各部分内容有机结合，具有简明性、针对性、实用性和先进性。

参加本书编写的有：淮安信息职业技术学院刘永利（前言、第8章、附录、参考文献）；王宏臣（第4、5章）；张月平（第3章）；万苏文（第7章）。参加编写工作的还有淮安信息职业技术学院王鹏程（第6章）；东莞市技师学院肖玉星（第1章）；湖北省襄阳技师学院冯德学、胡俊（第2章）等。全书由淮安信息职业技术学院何时剑主审。

限于编者水平有限，教材中疏漏和不足在所难免，恳请各教学单位和读者在使用本教材时多提宝贵意见，以便下次修订时改进。

编　者

目 录

第 1 章　机械设计基础课程设计概述

1.1　课程设计的目的

机械设计基础课程设计是机械设计基础课程重要的教学环节，是培养学生机械设计能力的不可缺少的实践环节。其主要目的在于：

(1) 通过课程设计，使学生能够综合运用机械设计基础课程和有关先修课程的知识，并通过进一步较为全面的综合设计练习，加深对所学知识的理解，培养学生机械设计的技能和正确的设计思想。

(2) 通过课程设计，提高学生的计算能力、绘图能力以及计算机辅助设计（CAD）能力等，使学生熟悉设计资料（手册、图册等）的使用，掌握经验估算等机械设计的基本技能，初步具有选用和设计常用机构和通用零件的能力，为解决生产技术问题奠定基础。

(3) 通过课程设计，培养学生具有分析和解决工程实际问题的能力，使学生掌握机械零件、机械传动装置或简单机械的一般设计方法和步骤，为学生进一步学习有关专业课程和日后从事机械设计工作打下基础。

1.2　课程设计的内容和步骤

1.2.1　课程设计的内容

课程设计通常选择由本课程所学过的大部分通用零件组成的一般用途的机械传动装置或简单机械为设计题目。本书选择减速器的设计为主要内容，力求使学生得到较全面的训练。减速器包含齿轮、轴、轴承、键、箱体等零件，设计的主要内容包括以下几个方面。

(1) 分析、拟定传动装置的传动方案。

(2) 选择电动机。

(3) 计算传动装置的运动参数和动力参数。

(4) 设计、校核传动件和轴。

(5) 选择减速器的标准件。

(6) 设计箱体结构。

(7) 画出零件工作图和减速器装配工作图。

(8) 完成设计计算说明书，参加答辩。

1.2.2　课程设计的步骤

机械设计基础课程设计大体可按以下几个阶段进行。

1. 设计准备阶段

（1）熟悉设计任务书，明确设计的内容和要求。

（2）准备好设计需要的图书、资料和用具。

（3）阅读相关资料、图样，参观实物或模型，观看电视教学片，进行减速器拆装实验等，了解设计对象。

（4）复习相关课程内容，熟悉有关零件的设计方法和步骤。

2. 传动装置的总体设计

（1）分析、确定传动装置的方案。

（2）选择电动机。

（3）确定传动装置的总传动比，分配各级传动比。

（4）计算传动装置的运动和动力参数，计算各轴转速和转矩。

3. 传动零件的设计计算

（1）箱体外部传动零件的设计计算。

（2）箱体内部传动零件的设计计算。

4. 装配草图的设计和绘制

（1）设计、选择减速器箱体结构及其附件，确定润滑密封和冷却的方式。

（2）绘制减速器装配草图，进行轴、轴上零件和轴承组合的结构设计。

（3）校核轴的强度，校核滚动轴承的寿命。

（4）绘制减速器箱体结构。

（5）绘制减速器附件。

5. 装配图的绘制

（1）绘制装配图。

（2）标注尺寸、公差配合及零件序号。

（3）编写零件明细表、标题栏、技术特性和技术要求。

6. 零件工作图的绘制

（1）绘制齿轮工作图。

（2）绘制轴工作图。

7. 编写设计计算说明书和准备答辩

计算说明书是设计计算的整理和总结，是图样设计的理论依据，而且是审核设计的技术文件之一，因此，编写计算说明书是设计工作的一个重要组成部分。编写说明书的注意事项：

（1）计算说明书不得用铅笔或除蓝、黑以外的其他彩色笔书写，说明书完成后要标出页次，编好目录，加上封面装订成册。要求计算正确，论述清楚，文字精练，插图简明，书写整洁。

（2）计算部分的书写，首先列出用文字符号表达的计算公式，再代入各文字符号的数值，最后写下计算结果。对所引用的计算公式和数据，应注明来源（参考资料的编号和页次）。

（3）对计算结果应有简短的结论。如计算结果与实际所取之值相差较大，应作简短的解释，说明原因。

（4）计算部分可用校核形式书写。

(5) 为了清楚说明计算内容，应附有必要的插图。例如传动方案简图、轴的结构简图、受力图、弯矩和扭矩图等。在传动方案简图中对齿轮、轴等零件应同一编号，以便在计算中称呼或作注脚之用。

(6) 对每一自成单元的内容都应有大小标题，使其醒目突出。

答辩是课程设计的最后一个环节，是检查学生实际掌握知识的情况和设计的成果，判定设计成绩的一个重要方面。答辩前，要认真整理和检查全部图样和说明书，进行系统、全面的回顾和总结。搞清设计中每一个数据、公式的使用，弄懂图样上的结构设计问题，每一线条的画图依据以及技术要求等其他问题。最后把图样叠好，说明书装订好，放在图样袋内准备答辩。

1.3 课程设计有关的注意事项

本课程设计是学生第一次接受较全面的设计训练，学生一开始往往不知所措。指导教师应给予学生适当的指导，引导学生的设计思路，启发学生独立思考，解答学生的疑难问题，并掌握设计的进度，对设计进行阶段性检查。另一方面，作为设计的主体，学生应在教师的指导下发挥主观能动性，积极思考问题，认真阅读设计指导书，查阅有关设计资料，按教师的布置循序渐进地进行设计，按时完成设计任务。

在课程设计中应注意以下事项：

(1) 认真设计草图是提高设计质量的关键　草图也应该按正式图的比例绘制，而且作图的顺序要得当。画草图时应着重注意各零件之间的相对位置，有些细部结构可先以简化画法画出。

(2) 设计过程中应及时检查、及时修正　设计过程是一个边绘图、边计算、边修改的过程，应经常进行自查或互查，有错误应及时修改，以免造成大的返工。

(3) 注意计算数据的记录和整理　数据是设计的依据，应及时记录与整理计算数据，如有变动应及时修正，供下一步设计及编写设计说明书时使用。

(4) 要有整体观念　设计时考虑问题周全、整体观念强，就会少出差错，从而提高设计效率。

1.4 课程设计任务书

机械设计基础课程设计任务书应明确提出设计题目、工作条件、原始数据和设计工作量等。下面列出一级圆柱齿轮减速器和二级圆柱齿轮减速器两种类型设计任务书，以供选择设计。

机械设计基础设计任务书（一）

姓名＿＿＿＿＿＿＿　专业＿＿＿＿＿＿＿　班级＿＿＿＿＿＿＿　学号＿＿＿＿＿＿＿

设计题目：带式运输机传动装置中一级圆柱齿轮减速器。

运动简图：设计用于带式运输机上的一级圆柱齿轮减速器，其运动简图如图1-1所示。

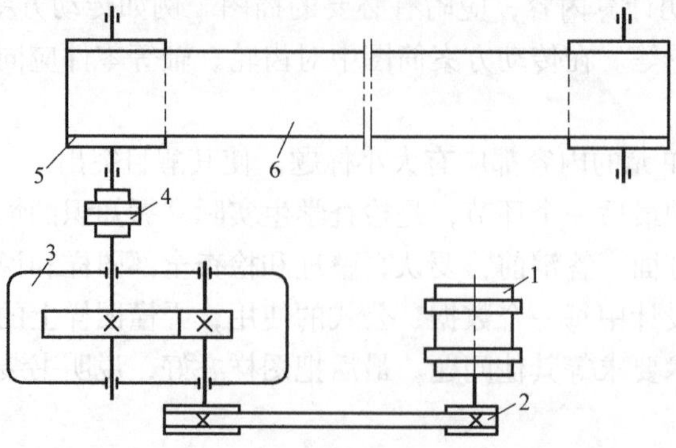

图 1-1 带式运输机传动装置中一级圆柱齿轮减速器运动简图

1—电动机 2—带传动 3—减速器 4—联轴器 5—滚筒 6—传送带

工作条件：空载起动，载荷平稳、传动可逆转，常温、工作场所多灰，连续工作，传动比误差为 ±4%。

原始数据：带式运输机传动装置中一级圆柱齿轮减速器设计参考数据如表 1-1 所示。

表 1-1 一级圆柱齿轮减速器设计参考数据

设计参数 \ 题号	1	2	3	4	5	6	7	8	9	10
输送带工作拉力 F/kN	7	6.5	6	5.5	5.2	5	4.8	4.5	4.2	4
输送带工作速度 $v/(m \cdot s^{-1})$	2.0	1.9	1.8	1.7	1.6	1.5	1.4	1.3	1.2	1.1
滚筒直径 D/mm	400	400	400	420	420	420	440	440	450	450
每日工作时间/h	16	16	16	16	16	16	16	16	16	16
使用年限/年	8	8	8	8	8	10	10	10	10	10

设计工作量：

(1) 设计说明书 1 份。

(2) 减速器装配图 1 张（A0 或 A1）。

(3) 零件工作图 1 ~3 张。

指导教师__________ 课程负责人__________

开始日期__________ 完成日期__________

机械设计基础设计任务书（二）

姓名______ 专业______ 班级______ 学号______

设计题目：带式运输机传动装置中二级圆柱齿轮减速器。

运动简图：设计用于带式运输机上的二级圆柱齿轮减速器，其运动简图如图 1-2 所示。

工作条件：连续单向传动，载荷平稳，常温、工作场所灰尘较大，传动比误差为 ±5%。

原始数据：带式运输机传动装置中二级圆柱齿轮减速器设计参考数据如表 1-2 所示。

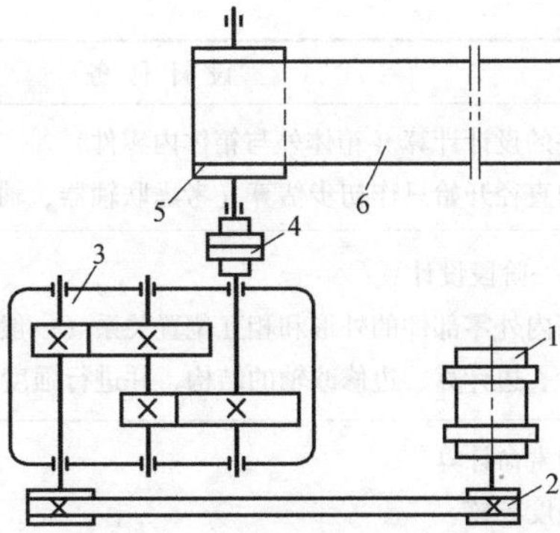

图 1-2　带式运输机传动装置中二级圆柱齿轮减速器运动简图

1—电动机　2—带传动　3—减速器　4—联轴器　5—滚筒　6—传送带

表 1-2　二级圆柱齿轮减速器设计参考数据

设计参数＼题号	1	2	3	4	5	6	7	8	9	10
输送带工作拉力 F/kN	1.6	1.8	2.0	2.5	1.6	1.8	2.0	2.2	2.4	2.5
输送带工作速度 v/(m·s^{-1})	1.2	1.25	1.3	1.35	1.4	1.45	1.2	1.3	1.35	1.4
滚筒直径 D/mm	250	280	300	250	280	300	350	300	280	300
每日工作时间/h	8	8	8	8	8	8	8	8	8	8
使用年限/年	10	10	10	10	10	8	8	8	8	8

设计工作量：

(1) 设计说明书 1 份。

(2) 减速器装配图 1 张（A0 或 A1）。

(3) 零件工作图 1～3 张。

指导教师＿＿＿＿＿＿＿＿　课程负责人＿＿＿＿＿＿＿＿

开始日期＿＿＿＿＿＿＿＿　完成日期＿＿＿＿＿＿＿＿

1.5　课程设计进程表

机械设计基础课程设计进程见表 1-3（仅供参考，计划两周时间）。

表 1-3　机械设计基础课程设计进程

完成时间		设计任务
第一天上午准备阶段（0.5 天）		准备阶段（参观实物、模型，看录像，查阅有关资料，分析任务书，明确设计要求等）
传动装置总体设计	第一天下午	(1) 分析或拟定传动方案和传动系统的运动简图 (2) 选择电动机（类型、功率、转速的确定）
	第二天上午	(1) 传动装置总传动比的计算和分配 (2) 运动参数和动力参数的计算（列表确定各轴 P、n、T）

（续）

完成时间		设计任务
绘制草图	第二天下午	（1）传动件的设计计算（箱体外与箱体内零件） （2）对轴的直径开始只作初步估算（考虑联轴器、轴承、键等）
	第三天上午	装配草图第一阶段设计 （1）确定箱内外零部件的外形和相互位置关系（一般选俯视图） （2）边设计、边计算、边修改轴的结构，并进行强度验算
	第三天下午	（1）轴承的寿命计算 （2）键的强度校核
	第四天上午	上述各项验算全部合格后，进行第二阶段设计（传动件的设计）
	第四天下午	轴承部件设计、密封装置设计
	第五天上午	箱体结构设计（检查进度）
	第五天下午	箱体附属零件设计（观察孔盖、通气器、油标等）
	第六天上午	继续完成第五天下午所剩任务，并确定油塞、吊环螺钉、吊耳、定位销和起盖螺钉等任务（从结构工艺、装配要求、制图标准等方面对草图进行全面检查，无误后方可画装配图）
绘制装配图	第六天下午	根据草图绘制装配图三视图（图上避免用虚线表示零件结构，内部结构可采用局部剖或向视图表达）
	第七天上午	画装配图中的结构视图（检查进度）
	第七天下午	继续完成前面任务，经全面检查后方可加深
	第八天上午	（1）标注尺寸（有特殊、安装、外形、配合几种尺寸） （2）列出技术特性和技术要求 （3）编写零件序号 （4）编写零件明细栏
绘制零件工作图	第八天下午	齿轮类零件工作图设计与绘制（应有一组视图、尺寸标注、几何公差、表面粗糙度、技术要求等）
	第九天上午	轴零件工作图的设计和绘制（要求同上）
编写设计计算说明书	第九天下午	整理说明书（目录、设计任务书、方案的拟定和运动简图，电机选择、运动参数和动力参数计算），传动件的计算、轴的计算（其中有一轴必须写出详细过程）
	第十天上午	轴承的选择与校核，键、联轴器等零件的选择与校核，以及箱体设计、润滑与密封、设计小结、参考资料等，其中小结不少于500字
答辩	第十天下午	答辩

第2章　机械传动装置总体设计

机器通常由原动机、传动装置和工作机三部分组成。传动装置用以传递运动和动力，变换运动形式以实现工作机预定的工作要求，是机器的重要组成部分。其总体设计包括确定传动方案、选择电动机型号、合理分配各级传动比以及计算传动装置的运动和动力参数等。总体设计还为各级传动件设计和装配草图绘制提供了依据。

设计任务书一般由指导教师拟定，学生应对传动方案进行分析，对教师指定的传动方案是否合理提出自己的见解。

2.1　确定传动方案

传动装置一般包括传动件和支撑件两部分，传动件如齿轮传动、带传动、链传动等，支撑件如轴、轴承、箱体等。传动装置的传动方案用机构运动简图来表示运动和动力的传递方式和过程。合理的传动方案应在满足工作要求的基础上，还应具有结构紧凑、便于加工、效率高、成本低、使用维护方便等特点。图2-1所示为带输送机的四种传动方案。

方案一：图2-1a所示方案第一级为带传动，第二级为一级圆柱齿轮减速器，这种方案通常得到广泛应用。带传动能缓冲、吸振，过载时起安全保护作用。但结构上宽度和长度尺寸都较大，且带传动不适应繁重的工作条件和恶劣的环境。

方案二：图2-1b所示为电动机直接接两级圆柱齿轮减速器，此减速器宽度尺寸较大，但由于圆柱齿轮易于加工制造而经常采用。

方案三：图2-1c所示为电动机直接接在蜗杆减速器上，它结构最紧凑，但在长期连续运转的条件下，由于蜗杆传动的效率低，功率损失大。

方案四：图2-1d所示为电动机直接接在圆锥—圆柱齿轮减速器上，它的宽度尺寸较方案二小，但圆锥齿轮加工比圆柱齿轮困难。

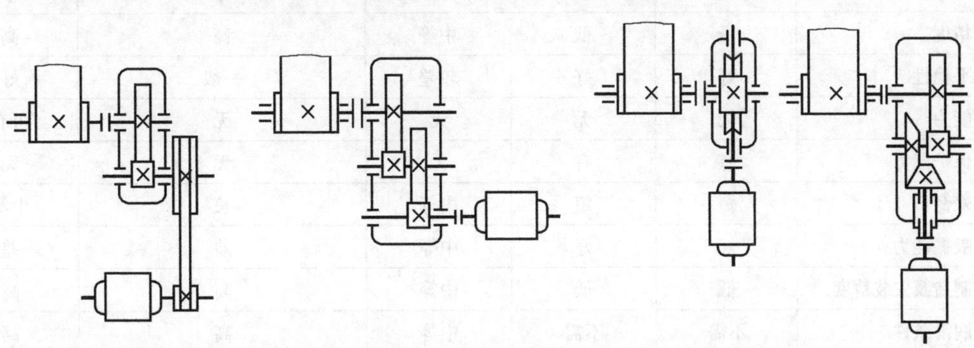

a)　b)　c)　d)

图2-1　带输送机的四种传动方案

以上四种传动类型，各有所长，设计者应根据不同的性能要求和工作特点，选取合理的传动方案。

传动系统中有几种传动形式组合多级传动，若要合理布置传动顺序常要考虑以下几点：

（1）带传动承载能力较低，在传递相同转矩时，结构尺寸较其他形式大，但是带传动平稳，能缓冲吸振，有过载保护的作用，因此尽量放在传动装置的高速级。

（2）链传动运转不均匀，有冲击，不适用于高速传动，宜布置在传动装置的低速级。

（3）蜗杆传动大多用于传动比大而功率小的场合，其承载能力较齿轮传动低，宜布置在传动的高速级，并能获得较小的结构尺寸。

（4）锥齿轮的加工困难，特别是大模数锥齿轮加工更困难。因此，锥齿轮传动宜布置在传动的高速级并限制其传动比，减小其直径和模数。

（5）斜齿轮传动较直齿轮传动平稳，宜布置于高速级或要求传动平稳的场合。

（6）开式齿轮传动的工作环境较差，润滑条件不好，磨损较严重，宜布置在低速级。

（7）一般情况下，总是将改变运动形式的机构，如连杆机构、凸轮机构等布置在传动装置的末端。

常见机械传动的主要性能见表2-1。机械传动的效率概略值见表2-2。

表2-1 常见机械传动的主要性能

选用指标	传动机构					
	平带传动	V带传动	链传动	齿轮传动		蜗杆传动
功率/kW（常用值）	小 （≤20）	中 （≤100）	中 （≤100）	大 （最大达50000）		小 （≤50）
单级传动比				圆柱	圆锥	
常用值	2~4	2~4	2~5	3~5	2~3	10~40
最大值	5	7	6	8	5	80
传动效率	中	中	中	高		低
许用线速度/（$m\cdot s^{-1}$）	≤25	≤25~30	≤40	6级精度直齿≤18，非直齿≤36，5级精度达100		≤15~35
外廓尺寸	大	大	大	小		小
传动精度	低	低	中等	高		高
工作平稳性	好	好	较差	一般		好
自锁能力	无	无	无	无		可有
过载保护能力	有	有	无	无		无
使用寿命	短	短	中等	长		中等
缓冲吸振能力	好	好	中等	差		差
要求制造及安装精度	低	低	中等	高		高
要求润滑条件	不需	不需	中等	高		高
环境适应性	不能接触酸、碱、油类、爆炸性气体		好	一般		一般

表2-2　机械传动的效率概略值

种　类		效率 η	种　类		效率 η
圆柱齿轮传动	很好走合的6级精度和7级精度齿轮传动（油润滑）	0.98～0.99	锥齿轮传动	很好走合的6级精度和7级精度齿轮传动（油润滑）	0.97～0.98
	8级精度的一般齿轮传动（油润滑）	0.97		8级精度的一般齿轮传动（油润滑）	0.94～0.97
	9级精度的一般齿轮传动（油润滑）	0.96		加工齿的开式齿轮传动（脂润滑）	0.92～0.95
	加工齿的开式齿轮传动（脂润滑）	0.94～0.96		铸造齿的开式齿轮传动	0.88～0.92
	铸造齿的开式齿轮传动	0.90～0.93	联轴器	滑块联轴器	0.97～0.99
蜗杆传动	自锁蜗杆（油润滑）	0.40～0.45		齿式联轴器	0.99
	单头蜗杆（油润滑）	0.70～0.75		弹性联轴器	0.99～0.995
	双头蜗杆（油润滑）	0.75～0.82		万向联轴器	0.95～0.97
	三头和四头蜗杆（油润滑）	0.80～0.92	滑动轴承	润滑很好（压力润滑）	0.98（一对）
	双面蜗杆传动（油润滑）	0.85～0.95		润滑正常	0.97（一对）
带传动	平带无压紧轮的开式传动	0.98		润滑不良	0.94（一对）
	平带有压紧轮的开式传动	0.97		液体润滑	0.99（一对）
	平带交叉传动	0.90	减（变）速器	单级圆柱齿轮减速器	0.97～0.98
	V带传动	0.96		双级圆柱齿轮减速器	0.95～0.96
链传动	焊接链	0.93		行星圆柱齿轮减速器	0.95～0.98
	片式关节链	0.95		单级锥齿轮减速器	0.95～0.96
	滚子链	0.96		双级圆锥、圆柱齿轮减速器	0.94～0.5
	齿形链	0.97		无级变速器	0.92～0.95
滚动轴承	球轴承	0.99（一对）		摆线针轮减速器	0.90～0.97
	滚子轴承	0.98（一对）			

2.2　电动机的选择

机械系统中提供动力的设备很多，有电动机、内燃机、水轮机、汽轮机、液动机等。电动机构造简单、工作可靠、控制简便，一般生产机械大多采用电动机驱动。

电动机已经系列化，设计中只需根据工作机所需要的功率和工作条件，选择电动机的类型和结构形式以及容量、转速，并确定电动机的具体型号。

2.2.1　电动机的类型和结构形式

电动机的类型和结构形式可以根据电源种类（直流、交流）、工作条件（温度、环境、空间尺寸）和载荷特点（性质、大小、起动性能和过载情况）来选择。

工业上广泛应用Y系列三相交流异步电动机。这是我国20世纪80年代的更新换代产品，具有高效、节能、振动小、噪声小和运行安全可靠的特点，安装尺寸和功率等级符合国际标准，适合于无特殊要求的各种机械设备。对于频繁起动、制动和换向的机械（如起重机械)，宜选用转动惯量小、过载能力强、允许有较大振动和冲击的 YZ 型或 YZR 型三相异步电动机。为适应不同的安装需要，同一类型的电动机结构可制成若干种安装形式，供设计时选用。有关电动机的技术数据、外形及安装尺寸可查阅相关技术手册。

2.2.2 选择电动机的型号

在连续运转的条件下，电动机发热不超过许可温升的最大功率称为额定功率。负荷达到额定功率时的电动机转速称为满载转速。

1. 确定电动机的功率

电动机的功率与电动机的工作性能和经济性能有直接的联系。如果电动机的功率小于工作要求，则不能保证工作机的正常工作，并且电动机易损坏；如果电动机的功率过大，则电动机不能满载工作，效率较低，增加电能消耗，造成浪费。因此，在设计中要选择合适的电动机功率。电动机的功率主要根据工作机的功率来确定。工作机的功率根据工作阻力和速度来确定，即

$$P_w = \frac{Fv}{1000} \text{ 或 } P_w = \frac{Tn}{9550}$$

式中 P_w——工作机的功率（kW）；

F——工作机的阻力（N）；

v——工作机的线速度（m/s）；

T——工作机的转矩（N · m）；

n——工作机的转速（r/min）。

电动机所需的输出功率为

$$P_d = \frac{P_w}{\eta}$$

式中 η——电动机到工作机的传动装置总效率，可按下式计算。

$$\eta = \eta_1 \eta_2 \eta_3 \cdots \eta_n$$

式中 η_1、η_2、η_3、η_n——传动装置中各零部件的效率，见表 2-2 机械传动的效率概略值。

计算传动装置的总效率需注意以下两点：

（1）轴承效率通常指一对轴承而言。

（2）推荐的效率值为一定范围时，一般可取中间值。当工作条件差、加工精度低、维护不良时取较低值，反之取较高值。

对于长期连续运转、载荷不变的工作机，选择电动机功率的原则是电动机的额定功率 P_{ed} 稍大于电动机的工作功率 P_d，即 $P_{ed} \geq P_d$，这样就能保证电动机正常工作。如果电动机的工作功率大于额定功率，过载范围在 5% 之内时，也可选用。对于其他条件下工作的电动机，额定功率的选择方法可参考其他资料。

2. 确定电动机的转速

同一类型、相同额定功率的电动机也有几种不同的转速。转速越高，则电动机的外形尺寸越小，重量越轻，价格越便宜，效率也越高。但是，当工作机转速较低时，选择转速较高的电动机，则减速器的传动比就较大，从而使减速器外形尺寸、重量、成本等加大。额定功率相同的三相异步电动机有四种常用的同步转速，即 3000r/min、1500r/min、1000r/min、

750r/min，一般选用同步转速为 1500r/min 和 1000r/min 较为适宜。

可由工作机的转速要求和传动机构的合理传动比范围，推算出电动机转速的可选范围，即

$$n_{\mathrm{d}} = (i_1、i_2\cdots i_{\mathrm{n}})n_{\mathrm{w}}$$

式中　n_{d}——电动机的可选转速范围；

$i_1 \sim i_{\mathrm{n}}$——各级传动比的合理范围；

n_{w}——工作机的转速范围。

3. 选择电动机的型号

由选定的电动机类型、结构和转速查出电动机型号。设计传动装置时，一般按实际需要的电动机输出功率 P_{d} 计算，转速则取满载转速 n_{m}。

例 2-1　如图 2-2 所示为带式运输机传动方案。已知运输带的圆周力 $F=6000\mathrm{N}$，运输带速度 $v=0.5\mathrm{m/s}$，卷筒直径 $D=500\mathrm{mm}$，卷筒传动效率 $\eta_{\mathrm{w}}=0.96$，在室内常温下长期连续工作。试选择合适的电动机。

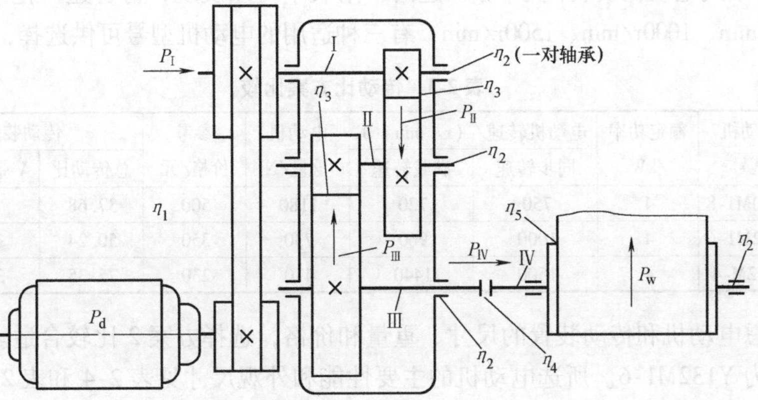

图 2-2　带式运输机传动方案

解：

（1）选择电动机的类型　按已知的工作要求和条件，选用 Y 型全封闭笼型三相异步电动机。

（2）选择电动机型号　电动机所需工作功率为

$$P_{\mathrm{d}} = \frac{P_{\mathrm{w}}}{\eta}$$

其中

$$P_{\mathrm{w}} = \frac{Fv}{1000}$$

则

$$P_{\mathrm{d}} = \frac{P_{\mathrm{w}}}{\eta} = \frac{Fv}{1000\eta}$$

由电动机至运输带的传动总效率 η 为

$$\eta = \eta_1\eta_2^4\eta_3^2\eta_4\eta_5$$

式中　η_1——带传动的效率；

η_2——轴承传动的效率；

η_3——齿轮传动的效率；

η_4 ——联轴器传动的效率；

η ——卷筒传递的效率。

其大小分别为 $\eta_1 = 0.96$、$\eta_2 = 0.98$、$\eta_3 = 0.97$、$\eta_4 = 0.99$、$\eta_5 = 0.96$。$\eta = \eta_1\eta_2^4\eta_3^2\eta_4\eta_5 = 0.96 \times 0.98^4 \times 0.97^2 \times 0.99 \times 0.96 = 0.79$

即

$$P_d = \frac{P_w}{\eta} = \frac{Fv}{1000\eta} = \frac{6000 \times 0.5}{1000 \times 0.79} = 3.8\text{kW}$$

（3）确定电动机的转速　卷筒轴工作转速为

$$n_w = \frac{60 \times 1000v}{\pi D} = \frac{60000 \times 0.5}{\pi \times 500} = 19.11\text{r/min}$$

根据表 2-1 推荐的合理的传动比范围，初选 V 带的传动 $i_1' = 2 \sim 4$，齿轮传动比 $i_2' = 9 \sim 25$，故电动机转速的可选范围为

$$n_d' = (i_1'i_2'\cdots i_n')n_w = (2 \times 9 \sim 4 \times 25) \times 19.11\text{r/min} = (343.98 \sim 1911)\text{r/min}$$

电动机的技术特性和外形及安装尺寸见附表 8（Y 系列三相异步电动机型号与技术数据）和附表 9（Y 系列电动机安装代号）。从这两个附表中可以发现，符合这一范围电动机的同步转速有 750r/min、1000r/min、1500r/min，有三种适用的电动机型号可供选择，如表 2-3 所示。

表 2-3　传动比方案比较

传动比方案	电动机型号	额定功率/kW	电动机转速/（$r \cdot min^{-1}$）		电动机重量/N	参考价格/元	传动装置的传动比		
			同步转速	满载转速			总传动比	V 带传动	齿轮
1	Y160M1-8	4	750	720	1180	500	37.68	3	12.56
2	Y132M1-6	4	1000	960	730	350	50.24	2.8	17.94
3	Y112M-4	4	1500	1440	470	230	75.35	3.5	21.53

综合考虑电动机和传动装置的尺寸、重量和价格，选择方案 2 比较合适。因此，选定电动机的型号为 Y132M1-6。所选电动机的主要性能和外观尺寸见表 2-4 和表 2-5。

表 2-4　电动机（型号 Y132M1-6）的主要性能

额定功率 P_{ed}/kW	同步转速 n/（$r \cdot min^{-1}$）	满载转速 n_m/（$r \cdot min^{-1}$）	电动机总重/N	启动转矩/额定转矩	最大转矩/额定转矩
4	1000	960	730	2.0	2

表 2-5　电动机（型号 Y132M1-6）的主要外形尺寸和安装尺寸　（单位：mm）

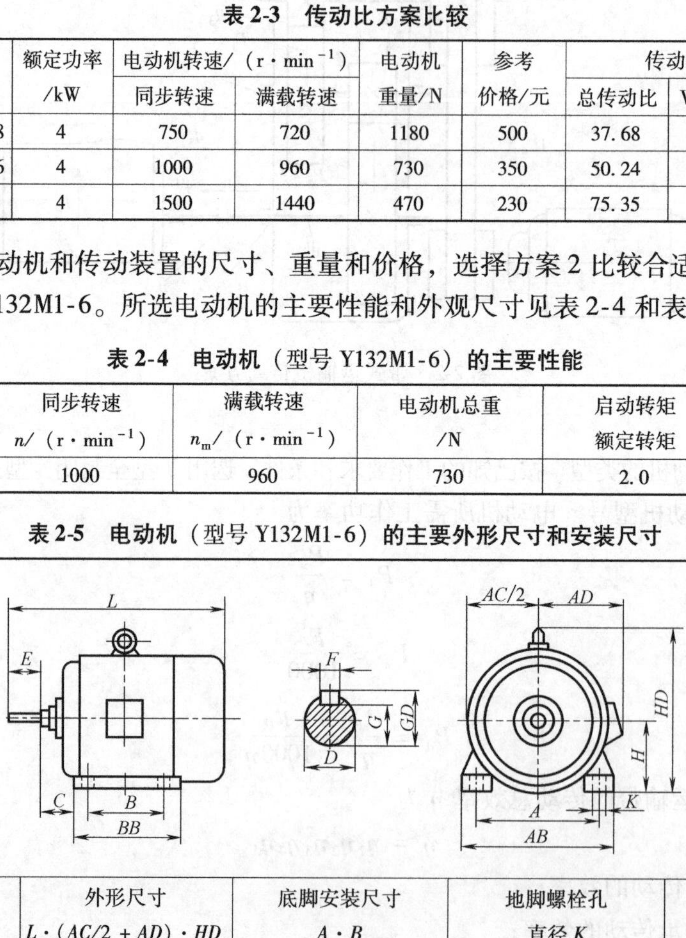

中心高 H	外形尺寸 $L \cdot (AC/2 + AD) \cdot HD$	底脚安装尺寸 $A \cdot B$	地脚螺栓孔直径 K	轴外伸尺寸 $D \cdot E$
132	515×345×315	216×178	12	38×80

2.3　总传动比的计算和各级传动比的分配

传动比的合理分配是传动系统设计的一个重要环节，它直接影响到传动系统的外廓尺寸、重量、润滑情况等多方面。各类传动的传动比见表 2-6。

表 2-6　各类传动的传动比

单级闭式齿轮传动	圆柱齿轮	直齿	3~4	≤10
		斜齿	3~5	
	直齿锥齿轮		2~3	≤6
单级开式圆柱齿轮传动			4~6	≤15~20
一级蜗杆传动		闭式	7~40	≤80
		开式	15~60	≤100（个别情况≤120）
带传动		平带	2~4	≤6
		V 带	2~4	≤7
链传动			2~4	≤7

2.3.1　计算总传动比

电动机选定后，由电动机的满载转速 n_m 和工作机轴的转速 n_w，可计算得出传动装置的总传动比为

$$i = \frac{n_m}{n_w}$$

传动装置的总传动比等于各级传动比的连乘积，即

$$i = i_1 i_2 i_3 \cdots i_n$$

2.3.2　分配各级传动比

计算出总的传动比后，应合理地分配各级传动比，这是传动装置设计中的一个重要问题。它会影响到传动装置的外廓尺寸、重量、润滑以及成本等问题。分配传动比一般有以下几个原则：

（1）各级传动比最好在其推荐范围内选择，不应超过其最大值，可参见表 2-1。

（2）应使传动装置的外廓尺寸尽可能紧凑，即有最小的外廓尺寸和最小的中心距。

（3）应使各级传动件尺寸协调、传动结构匀称合理，避免传动件之间互相干涉。例如，在带传动的装置中，一般应使带传动的传动比小于齿轮传动的传动比。因为，若带传动的传动比过大，使得大带轮的直径过大，超过了减速器的中心高，则易使大带轮与底座相碰，如图 2-3 所示。

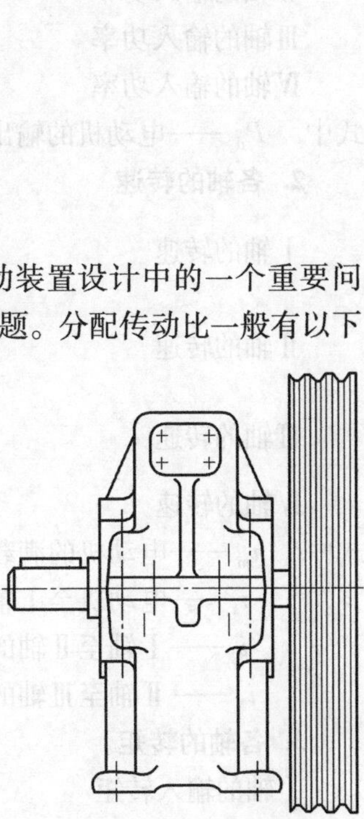

图 2-3　带轮与底座相碰

（4）在齿轮减速器中，应使各级大齿轮的直径相接近，便

于齿轮浸油润滑。

分配的传动比只是初步选定的值，而传动装置的实际传动比要由选定的齿轮齿数和带轮基准直径计算出来，因而很可能与设定的传动比之间有误差。一般允许工作机传动比的误差范围为±（3%~5%）。否则应重新分配传动比。

2.4 传动装置的运动参数和动力参数的计算

传动装置的运动参数和动力参数是指各轴的转速、功率和转矩。一般按电动机到工作机之间运动传递的顺序推算出各轴的运动和动力参数。现以例 2-1 的传动装置为例，说明各轴的转速、功率及转矩的计算方法。

1. 各轴的功率

各轴功率的计算有两种方法。

（1）按工作机所需功率及传动效率计算功率。

（2）按电动机的额定功率及传动效率计算功率。

前一种方法计算的是各轴实际传递的功率，因而设计出的各零件尺寸紧凑，一般用于专用机器传动装置的设计；后一种方法计算出的功率要比实际功率略大一些，因而尺寸较大，但承载能力要大一些，一般用于通用机器传动装置的设计。本课程设计中，采用前一种方法设计。

各轴的功率为

Ⅰ轴的输入功率 $P_1 = P_d\eta_1$

Ⅱ轴的输入功率 $P_2 = P_1\eta_2\eta_3$

Ⅲ轴的输入功率 $P_3 = P_2\eta_2\eta_3$

Ⅳ轴的输入功率 $P_4 = P_3\eta_2\eta_4$

式中 P_d——电动机的输出功率（kW）。

2. 各轴的转速

Ⅰ轴的转速 $n_1 = \frac{n_m}{i_1}$

Ⅱ轴的转速 $n_2 = \frac{n_1}{i_2} = \frac{n_m}{i_1 i_2}$

Ⅲ轴的转速 $n_3 = \frac{n_2}{i_3} = \frac{n_m}{i_1 i_2 i_3}$

Ⅳ轴的转速 $n_4 = n_3$

式中 n_m——电动机的满载转速，单位为 r/min；

i_1——电动机至Ⅰ轴的传动比；

i_2——Ⅰ轴至Ⅱ轴的传动比；

i_3——Ⅱ轴至Ⅲ轴的传动比。

3. 各轴的转矩

Ⅰ轴的输入转矩 $T_1 = T_d i_1 \eta_1$

Ⅱ轴的输入转矩 $T_2 = T_1 i_2 \eta_2 \eta_3$

Ⅲ轴的输入转矩　$T_3 = T_2 i_3 \eta_2 \eta_3$

Ⅳ轴的输入转矩　$T_4 = T_3 \eta_2 \eta_4$

$$T_d = 9550 \frac{P_d}{n_m}$$

式中　T_d——电动机的输出转矩（N · m）。

以上计算得到的各轴运动和动力参数以表格的形式整理。

例 2-2　同例 2-1 的已知条件和计算结果，还已知 $i_1 = 2.8$，$i_2 = 4.6$，$i_3 = 3.9$，计算各轴的运动和动力参数。

解：

（1）各轴的功率

Ⅰ轴的输入功率　$P_1 = P_d \eta_1 = 3.8\text{kW} \times 0.96 = 3.65\text{kW}$

Ⅱ轴的输入功率　$P_2 = P_1 \eta_2 \eta_3 = 3.65\text{kW} \times 0.98 \times 0.97 = 3.47\text{kW}$

Ⅲ轴的输入功率　$P_3 = P_2 \eta_2 \eta_3 = 3.47\text{kW} \times 0.98 \times 0.97 = 3.30\text{kW}$

Ⅳ轴的输入功率　$P_4 = P_3 \eta_2 \eta_4 = 3.30\text{kW} \times 0.98 \times 0.99 = 3.20\text{kW}$

（2）各轴的转速为

Ⅰ轴的转速　$n_1 = \frac{n_m}{i_1} = \frac{960}{2.8}\text{r/min} = 342.86\text{r/min}$

Ⅱ轴的转速　$n_2 = \frac{n_1}{i_2} = \frac{n_m}{i_1 i_2} = \frac{342.86}{4.6}\text{r/min} = 74.53\text{r/min}$

Ⅲ轴的转速　$n_3 = \frac{n_2}{i_3} = \frac{n_m}{i_1 i_2 i_3} = \frac{74.53}{3.9}\text{r/min} = 19.11\text{r/min}$

Ⅳ轴的转速　$n_4 = n_3 = 19.11\text{r/min}$

（3）各轴的转矩为

Ⅰ轴的输入转矩　$T_1 = T_d i_1 \eta_1 = 37.80\text{N} \cdot \text{m} \times 2.8 \times 0.96 = 101.61\text{N} \cdot \text{m}$

Ⅱ轴的输入转矩　$T_2 = T_1 i_2 \eta_2 \eta_3 = 101.61\text{N} \cdot \text{m} \times 4.6 \times 0.98 \times 0.97 = 444.32\text{N} \cdot \text{m}$

Ⅲ轴的输入转矩　$T_3 = T_2 i_3 \eta_2 \eta_3 = 444.32\text{N} \cdot \text{m} \times 3.9 \times 0.98 \times 0.97 = 1647.24\text{N} \cdot \text{m}$

Ⅳ轴的输入转矩　$T_4 = T_3 \eta_2 \eta_3 = 1647.24\text{N} \cdot \text{m} \times 0.98 \times 0.99 = 1598.16\text{N} \cdot \text{m}$

运动和动力参数的计算结果列于表 2-7 所示。

表 2-7　运动和动力参数的计算结果

参数 \ 轴名	电动机轴	Ⅰ　轴	Ⅱ　轴	Ⅲ　轴	Ⅳ　轴
转速 $n/(\text{r} \cdot \text{min}^{-1})$	960	342.86	74.53	19.11	19.11
输入功率 P/kW	3.8	3.65	3.47	3.30	3.20
输入转矩 T/N · m	37.80	101.61	444.32	1647.24	1598.16

传动比 i	2.8	4.6	3.9	1
效率 η	0.96	0.95	0.95	0.95

第3章 传动零件的设计与计算

传动装置包含各种类型的零部件，其中决定工作性能、结构和尺寸的是传动零件，支承零件和联接零件都要以传动零件为依据来设计，因此，一般先设计传动零件。

传动零件的设计包括确定传动零件的材料、主要参数及结构尺寸。一般先设计计算减速器外的传动零件（如带传动、链传动、开式齿轮传动等），再进行减速器内各轴转速、转矩及传动零件的设计计算。在设计减速器的装配图前，必须先计算各级传动件的参数，确定其尺寸，并选好联轴器的类型和规格。为使设计减速器的原始条件比较准确，一般先计算减速器的外传动件，如带传动、链传动和开式齿轮传动等，然后计算减速器内的传动件。

3.1 选择联轴器的类型和型号

一般在传动装置中有两个联轴器：一个是联接电动机轴与减速器高速轴的联轴器，另一个是联接减速器低速轴与工作机轴的联轴器。前者由于所联接轴的转速较高，为了减小起动载荷、缓和冲击，应选用具有较小转动惯量的弹性联轴器，如弹性柱销联轴器等。后者由于所联接轴的转速较低，传递的转矩较大，减速器与工作机常不在同一底座上而要求有较大的轴线偏移补偿，因此常选用无弹性元件的挠性联轴器，例如十字滑块联轴器等。

对于标准联轴器，主要按传递转矩的大小和转速选择型号，在选择时还应注意联轴器轴孔尺寸必须与轴的直径相适应。

联轴器的选择和校核，应考虑机器起动时的惯性力和起动载荷的影响，按最大载荷进行。然而设计时最大载荷不易确定，故常用计算载荷进行选择和校核。计算转矩 T_c 按下式计算：

$$T_c = KT \leqslant [T_N]$$

式中 T——工作转矩（N·m）；

K——工作情况系数；

$[T_N]$——公称转矩（N·m）。

联轴器转速满足：

$$n \leqslant [n]$$

式中 $[n]$——联轴器许用转速。

3.2 箱外传动件的设计

3.2.1 带传动

1. 带传动设计的主要内容

选择合理的传动参数；确定带的型号、长度、根数、传动中心距、安装要求（初拉力、张紧装置）、对轴的作用力及带的材料、结构和尺寸等。有些结构细部尺寸（例如轮毂、轮辐、斜度、圆角等）不需要在装配图设计前确定，可以留待画装配图时再定。

2. 带传动设计的原始依据

传动的用途及工作情况；对外廓尺寸及传动位置的要求；原动机种类和所需的传动功率；主动轮和从动轮的转速等。

3. 注意带传动中各有关尺寸的协调问题

如小带轮直径选定后，要检查它与电动机中心高是否协调；大带轮直径选定后，要注意检查它与箱体尺寸是否协调。小带轮孔径要与所选电动机轴径一致。大带轮的孔径应注意与带轮直径尺寸相协调，以保证其装配的稳定性；同时还应注意，此孔径就是减速器小齿轮轴外伸段的最小轴径。

4. 画出带轮结构草图，注明主要尺寸备用

注意大带轮轴孔直径和宽度（图3-1）与减速器输入轴轴伸尺寸有关（图3-2）。带轮轮毂宽度与带轮的宽度不一定相同，一般轮毂长度 l 按轴孔直径 d 的大小确定，常取 $l = (1.5 \sim 2)d$。

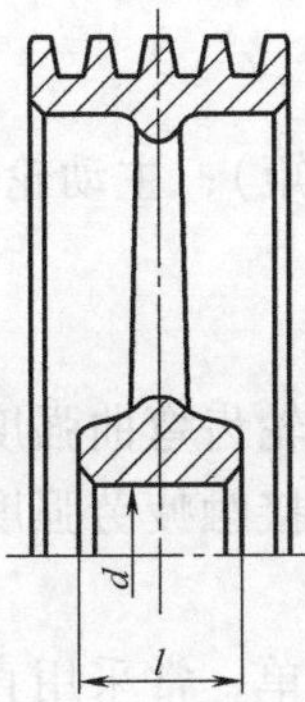

图3-1　大带轮尺寸

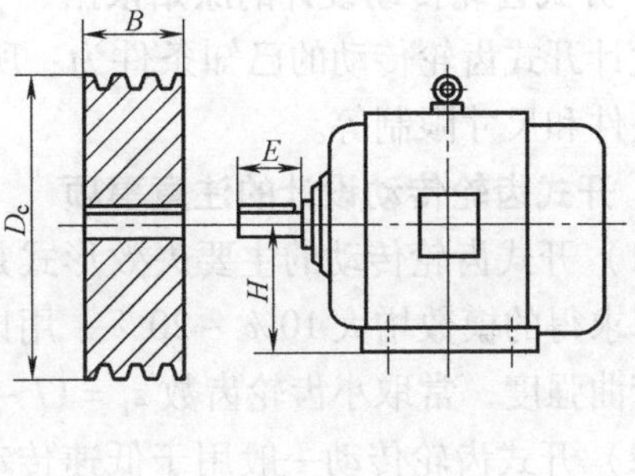

图3-2　小带轮与电动机示意图

5. 求带的初拉力

应求出带的初拉力，以便安装时检查，并依具体条件考虑张紧方案。

6. 计算压轴力

应算出压轴力，以供设计轴和轴承时使用。

7. 计算传动比

由带轮直径及滑动率计算实际传动比和大带轮转速，并以此修正减速器传动比和输入转矩。

3.2.2　链传动

在减速器中用得较多的是滚子链传动。

1. 链传动设计的主要内容

链传动设计包括选择链条的型号（链节距）、排数和链节数；确定传动中心距、链轮齿数、链轮材料和结构尺寸；考虑润滑方式、张紧装置和维护要求等。

2. 链传动设计的原始依据

设计链传动所需的已知条件为：传递功率、载荷特性和工作情况；主动链轮和从动链轮的转速（或传动比）；外廓尺寸、传动布置方式的要求及润滑条件等。

3. 链传动设计的注意事项

（1）注意检查链轮尺寸与传动装置外廓尺寸的相互关系。例如链轮轴孔直径和长度与减速器或工作机轴径和长度是否协调等。

（2）设计参数应尽量保证链传动有较好的工作性能。例如，采用单排链传动计算出的链节距较大时，应改选双排链或多排链；大、小链轮的齿数最好选择奇数；链节数最好取偶数等。

（3）链轮齿数确定后，应计算实际传动比和从动轮的转速，并考虑是否修正减速器所要求的传动比和输入转矩。

（4）画链轮结构图时不必画出端面齿形图。

3.2.3 开式齿轮传动

1. 开式齿轮传动设计的主要内容

开式齿轮传动设计包括选择齿轮材料及热处理方式；确定齿轮传动的参数（中心距、齿数、模数、齿宽等）；设计齿轮的结构及其他几何尺寸。

2. 开式齿轮传动设计的原始依据

设计开式齿轮传动的已知条件为：所需传递的功率（或转矩）；主动轮转速和传动比；工作条件和尺寸限制等。

3. 开式齿轮传动设计的注意事项

（1）开式齿轮传动的主要失效形式是磨损，一般只需进行轮齿弯曲强度计算，应将强度计算求得的模数增大10%～20%，用以补偿磨损，不必进行接触疲劳强度计算。为保证齿根弯曲强度，常取小齿轮齿数 $z_1=17\sim20$。

（2）开式齿轮传动一般用于低速传动中，为使支承结构简单，常采用直齿。由于暴露在空间，灰尘大，润滑条件差，选用材料时要注意耐磨性能和大小齿轮材料的配对，大齿轮材料应考虑其毛坯尺寸和制造方法。

（3）开式齿轮一般都在轴的悬臂端，支承刚度小，故齿宽系数应取得小一些，以减轻轮齿载荷集中度。选取小齿轮齿数时，应尽量取得少一些，使模数适当加大，提高抗弯曲和抗磨损能力。

（4）检查齿轮尺寸与传动装置和工作机是否相称；按大、小齿轮的齿数计算实际传动比和从动轮的转速，并考虑是否修正减速器所要求的传动比和输入转矩。

（5）画齿轮结构图时需标明与减速器输出轴相配合的轮毂尺寸。

3.3 箱内传动件的设计

3.3.1 圆柱齿轮传动

1. 圆柱齿轮传动设计的内容

圆柱齿轮传动设计需选择齿轮材料及热处理方式，确定齿轮传动的参数（中心距、齿数、模数、齿宽等），设计齿轮的结构及其他几何尺寸。只是在确定参数时，由于闭式齿轮传动的失效形式与开式有可能不同，软齿面主要是齿面点蚀，也就是接触疲劳强度较低，一般先按齿面接触疲劳强度条件进行设计，确定中心距或小齿轮分度圆直径后，选择齿数和模数，然后校核齿根弯曲疲劳强度。如果是硬齿面，承载能力主要取决于轮齿的弯曲疲劳强度，则常按弯曲疲劳强度进行设计计算，然后校核齿面接触疲劳强度。设计方法和步骤详见相关教材。

2. 圆柱齿轮传动设计的原始依据

同开式齿轮传动一样，圆柱齿轮传动受所需传递的功率（或转矩）、主动轮转速和传动比、工作条件和尺寸等的限制。

3. 圆柱齿轮传动设计的注意事项

（1）齿轮材料及热处理方法的选择，要考虑齿轮毛坯的制造方法。当齿顶圆直径 $d_a \leqslant$ 400~500mm 时，一般采用锻造毛坯；当 $d_a >$ 400~500mm 时，因受锻造设备能力的限制，多采用铸造毛坯，且做成轮辐式；当小齿轮齿根圆直径与轴的直径相差不大，或齿根圆到键槽底部的径向距离 <2.5mm 时，应将齿轮和轴做成一体，即齿轮轴，选择材料时要兼顾齿轮及轴的一致性要求；同一减速器内各级大小齿轮的材料最好对应相同，以减少材料牌号和简化工艺要求。

（2）齿轮传动的几何参数和尺寸应分别进行标准化、圆整或计算其精确值。例如模数必须标准化，中心距和齿宽尽量圆整，啮合尺寸（节圆、分度圆、齿顶圆及齿根圆直径、螺旋角、变位系数等）必须计算精确值。计算时要求长度尺寸精确到小数点后2~3位（单位为mm），角度精确到秒；中心距应尽量圆整，使尾数为0或5。对于直齿轮传动可以调整模数 m 和齿数 z，或采用角变位来实现中心距的变化；对于斜齿轮传动可调节螺旋角 β 来实现。

（3）齿轮的结构尺寸最好为整数，以便于制造和测量。如轮毂直径和长度、轮辐厚度和孔径、轮缘长度和内径等，按设计资料给定的经验公式计算后，都应进行圆整。

（4）选择齿轮齿数时注意避免发生根切。小齿轮齿数和大齿轮齿数最好互为质数，防止失效集中在某几个轮齿上。

（5）齿宽系数的选择。齿宽系数 $\psi_a = b/a$，式中 b 为齿轮的齿宽，a 为中心距。为便于装配和易于补偿齿轮轴向位置误差，常取小齿轮宽度 $b_1 = b_2 +$（5~10）mm（b_2为大齿轮齿宽），齿宽值应进行圆整。

3.3.2　锥齿轮传动

参看圆柱齿轮传动设计注意问题，同时还应注意：

（1）锥齿轮以大端模数为标准，几何尺寸按大端模数计算。当两轴交角为90°时，由传动比确定齿数后，分度圆锥角由齿数比确定，其值应准确计算，且算至小数点后3位，不可圆整。

（2）齿宽按齿宽系数求得并进行圆整。大、小齿轮的宽度应相等。

3.3.3　蜗杆传动

1. 蜗杆设计的主要内容

设计计算的主要内容为：选择蜗杆和蜗轮的材料及热处理方式；确定蜗杆传动的参数

（蜗杆分度圆直径、中心距、模数、蜗杆头数及导程角、蜗轮螺旋角、蜗轮齿数和齿宽等）；设计蜗杆和蜗轮的结构及其他几何尺寸。

2. 蜗杆传动设计的原始依据

设计蜗杆传动时的已知条件与圆柱齿轮传动相同。

3. 设计计算时应注意的问题

（1）蜗杆副材料要求有较好的走合和耐磨损性能，选择材料时要初估相对滑动速度。

（2）蜗杆和蜗轮的螺旋线方向尽量取成右旋，以便加工。蜗杆转动方向由工作机转动方向及蜗杆螺旋线方向来确定。

（3）蜗杆的强度和刚度验算以及热平衡计算，都要先画装配草图后才能确定。

（4）当蜗杆分度圆圆周速度 $v \leqslant 4\text{m/s}$ 时，一般将蜗杆下置；$v > 4\text{m/s}$ 时，将蜗杆上置。

（5）蜗杆和蜗轮的结构尺寸，除啮合尺寸外，均应适当圆整。

3.4 轴的强度计算

1. 轴径估算

轴的设计是减速器设计过程中重要的环节。首先选择轴的材料和热处理工艺，确定许用应力。在设计轴的结构之前，由于轴上零件位置尚未确定，所以按纯转矩受力状态初步估算轴的最小轴径。计算公式为

$$d \geqslant C\sqrt[3]{\frac{P}{n}}\ \text{mm}$$

式中 P——轴所传递的功率（kW）；

n——轴的转速（r/min）；

C——由许用应力确定的系数，详见机械设计基础教材。

当高速轴与电动机轴相联时，可取轴端直径 $d=(1\sim0.8)\ d_{电}$，其中 $d_{电}$ 为电动机外伸轴的直径。当该直径处有键槽时，应将计算值增大 3% ~5%。如果轴的外伸端装联轴器，则计算值必须与所选联轴器的孔径相符。考虑以上因素后才能圆整确定该轴的最小直径。

2. 按弯扭合成校核轴的强度

根据轴的结构尺寸、应力集中的大小以及弯矩图和扭矩图，判断出危险截面（一个或几个），计算其弯扭合成疲劳强度并校核之（参阅教材有关内容）。

第4章　减速器的结构与附件设计

4.1　减速器的结构

4.1.1　减速器的类型、特点及应用

减速器是一种由封闭在刚性壳体内的齿轮传动、蜗杆传动、齿轮一蜗杆传动所组成的独立部件，常用作原动机与工作机之间的减速装置，在少数场合也用作增速装置，这时就称为增速器。

根据传动形式，减速器可分为齿轮、蜗杆和齿轮-蜗杆减速器；根据齿轮形状不同，可分为圆柱、圆锥和圆柱-圆锥齿轮减速器；根据传动的级数，可分为一级和多级减速器；根据传动的结构布置形式，还可分为展开式、同轴式和分流式减速器。常用减速器的类型、特点及应用见表4-1。

表4-1　常用减速器的类型、特点及应用

名　称	类　型		推荐传动比范围	特点及应用
一级减速器	圆柱齿轮	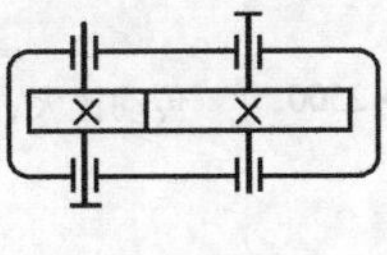	直齿 $i \leqslant 5$ 斜齿，人字齿 $i \leqslant 10$	轮齿可做成直齿、斜齿或人字齿。箱体通常用铸铁做成，单件或少批量生产时可采用焊接结构，尽可能不用铸钢件 支承通常用滚动轴承，也可用滑动轴承
	圆锥齿轮	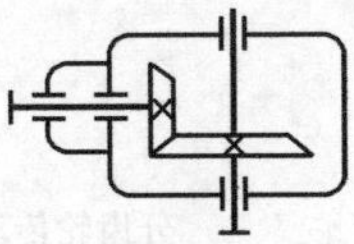	直齿 $i \leqslant 3$ 斜齿 $i \leqslant 6$	用于输入轴和输出轴垂直相交的传动
	下置式蜗杆	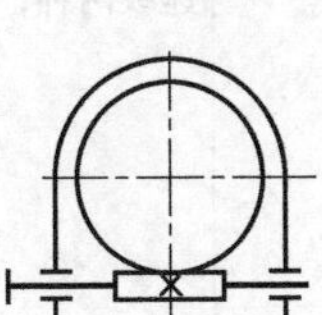	$i = 10 \sim 70$	蜗杆在蜗轮的下边，润滑方便，效果较好，但蜗杆搅油损失大，一般用于蜗杆圆周速度 $v < 10\text{m/s}$ 的场合
	上置式蜗杆	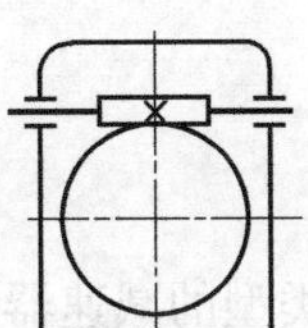	$i = 10 \sim 70$	蜗杆在蜗轮上边，装拆方便，蜗杆圆周速度可高些

（续）

名称	类型		推荐传动比范围	特点及应用
二级减速器	圆柱齿轮展开式	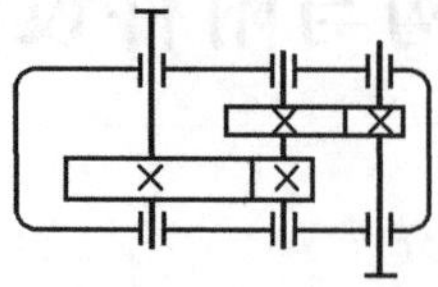	$i=i_1i_2=8\sim40$	是二级减速器中最简单的一种，由于齿轮相对于轴承位置不对称，轴应具有较大的刚度，用于载荷平稳的场合，高速级常用斜齿，低速级用斜齿和直齿
	圆柱齿轮分流式	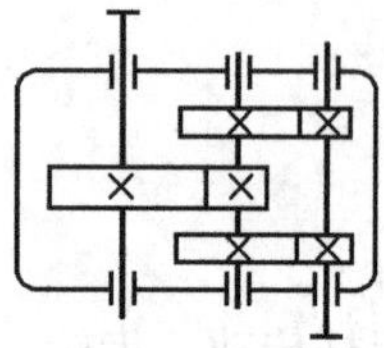	$i=i_1i_2=8\sim40$	高速级用斜齿，低速级可用人字齿或直齿，由于低速级齿轮与轴承对称分布，沿齿宽受载均匀，轴承受力也均匀，常用于变载荷场合
	柱齿轮同轴式	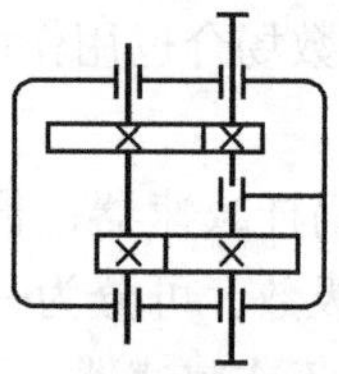	$i=i_1i_2=8\sim40$	减速器横向尺寸小，两对齿轮浸入油中深度大致相等，但减速器轴向尺寸和重量较大，且中间轴较长，容易使载荷沿齿宽分布不均，高速轴的承载能力难于充分利用
	圆锥圆柱齿轮	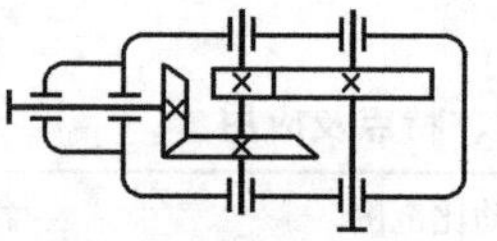	$i=i_1i_2=8\sim15$	圆锥齿轮应用在高速级，使齿轮尺寸不致太大，否则加工困难。圆锥齿轮可用直齿和圆弧齿，圆柱齿轮可用直齿或斜齿
	二级蜗杆	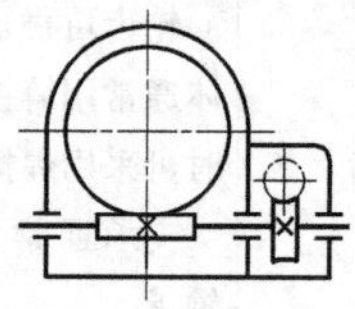	$i=i_1i_2=70\sim2500$	传动比大，结构紧凑，但效率低
	齿轮蜗杆	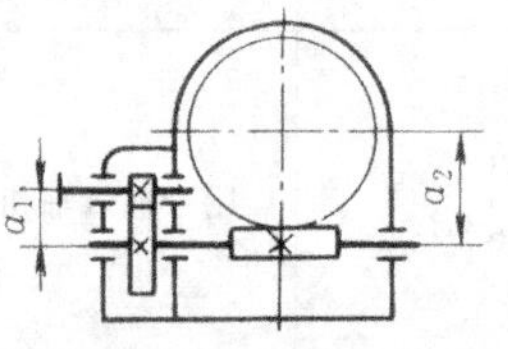	$i=i_1i_2=15\sim480$	分齿轮传动在高速级和蜗杆传动在高速级两种，前者结构紧凑，后者效率高
	蜗杆齿轮	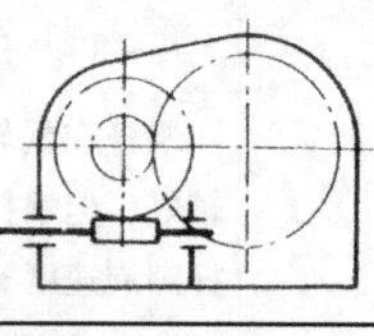		

进行减速器设计以前，可以通过参观模型和实物、拆装减速器实验以及阅读典型的减速器装配图来了解减速器的组成和结构。

4.1.2 减速器的组成结构

减速器结构因其类型、用途不同而异，但无论何种类型的减速器，其基本结构都是由通用零部件（如传动件、支承件和联接件）、箱体及附件组成。图 4-1 及图 4-2 所示为一级圆

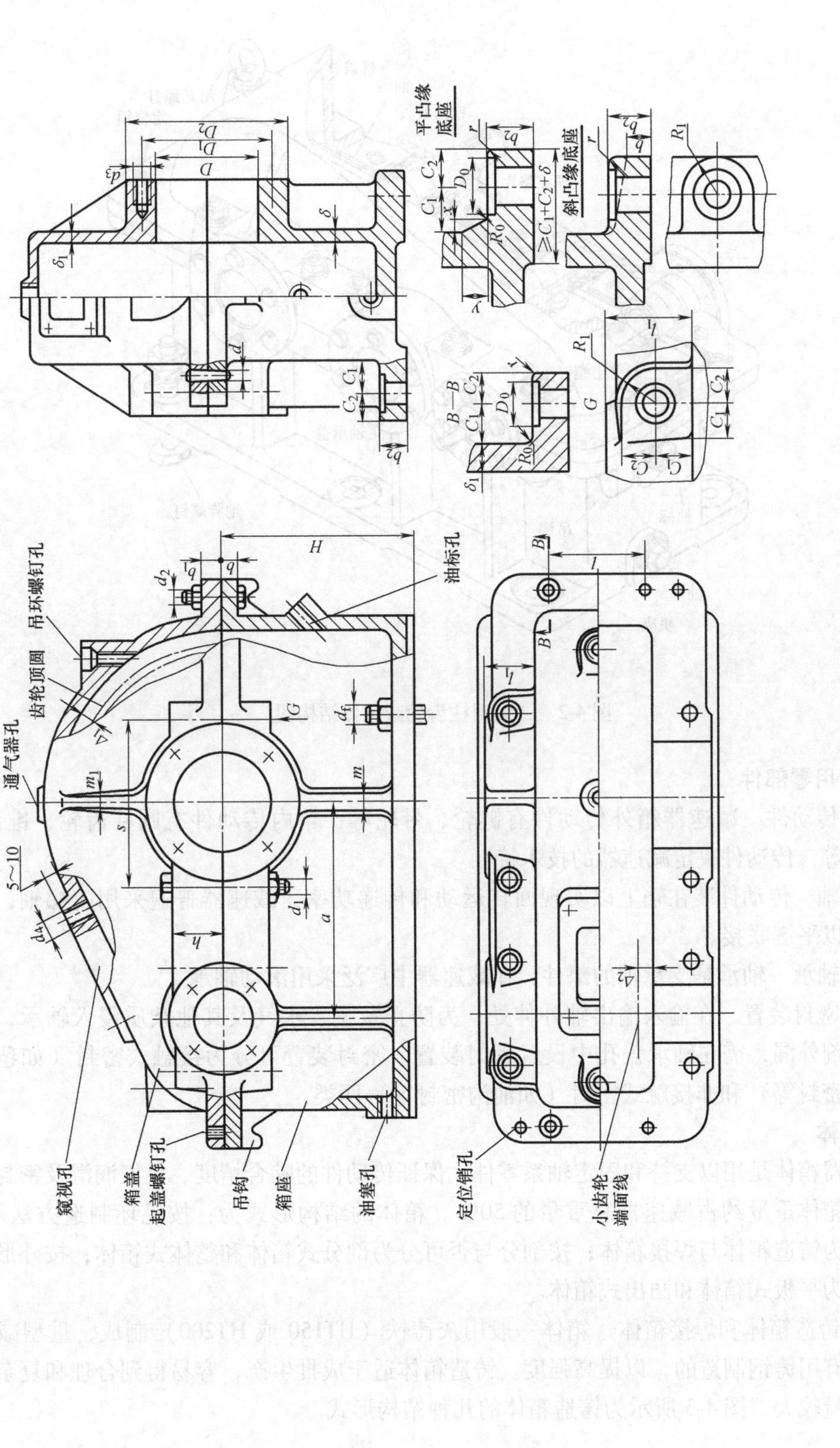

图4-1　一级圆柱齿轮减速器

柱齿轮减速器、二级圆柱齿轮减速器的典型结构。下面对组成减速器的三大部分作简要介绍。

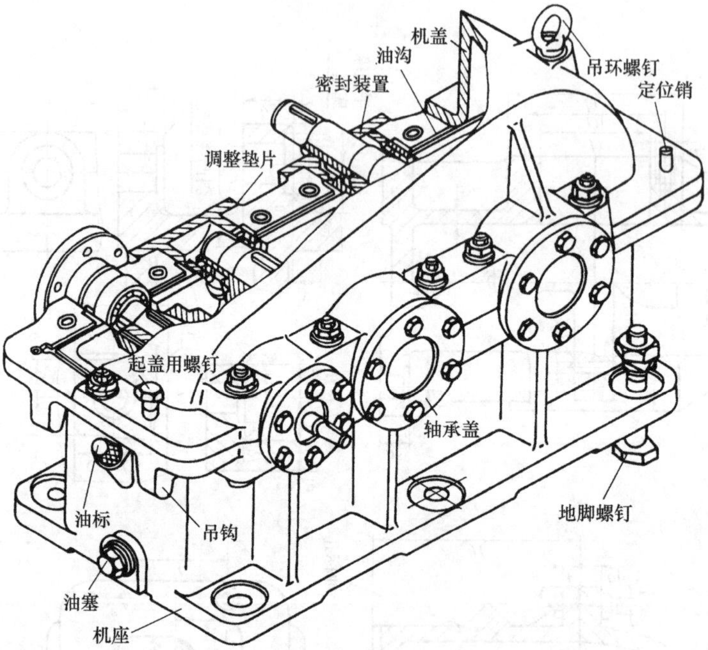

图 4-2 二级圆柱齿轮减速器结构图

1. 通用零部件

（1）传动件 减速器箱外传动件有链轮、带轮等；箱内传动件有圆柱齿轮、锥齿轮、蜗杆蜗轮等，传动件决定减速器的技术特性。

（2）轴 传动件装在轴上以实现回转运动和传递功率，减速器普遍采用阶梯轴，传动件和轴多以平键联接。

（3）轴承 轴承是支承轴的部件，在减速器中广泛采用滚动轴承。

（4）密封装置 在输入输出轴外伸处，为防止灰尘、水气及其他杂质侵入轴承，以及防止润滑剂外漏，需在轴承盖孔中设置密封装置。密封装置可分为接触式密封（如毡圈密封、橡胶密封等）和非接触式密封（如油沟密封等）两类。

2. 箱体

减速器箱体是用以支持和固定轴系零件，保证传动件的啮合精度、良好润滑及密封的重要零件。箱体重量约占减速器总重量的 50%。箱体的结构形式为：按毛坯制造方法不同，箱体可分为铸造箱体与焊接箱体；按剖分与否可分为剖分式箱体和整体式箱体；按外形结构不同可分为平板式箱体和凸出式箱体。

（1）铸造箱体和焊接箱体 箱体一般用灰铸铁（HT150 或 HT200）制成，重型减速器的箱体也有用铸钢制造的，以提高强度。铸造箱体适于成批生产，容易得到合理和复杂的外形，但重量较大。图 4-3 所示为铸造箱体的几种结构形式。

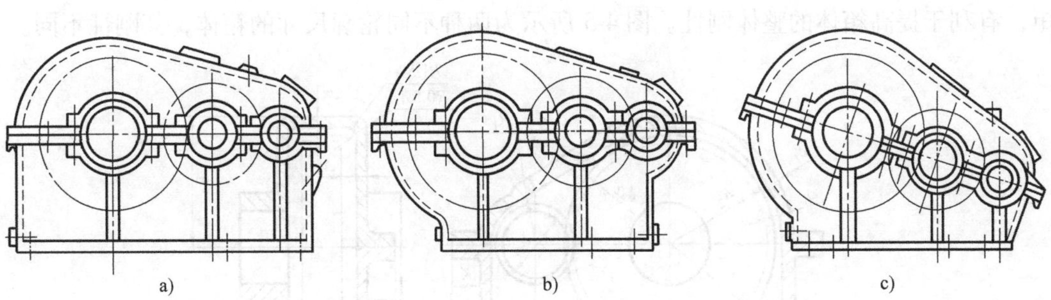

图 4-3　铸造箱体

在单件生产中，特别是大型减速器，为了减轻重量和缩短生产周期，常采用钢板焊接箱体（图 4-4）。焊接箱体比铸造箱体一般轻 1/4 ~ 1/2，但焊接时易产生热变形，故要求较高的焊接技术和焊后做退火热处理以消除内应力。

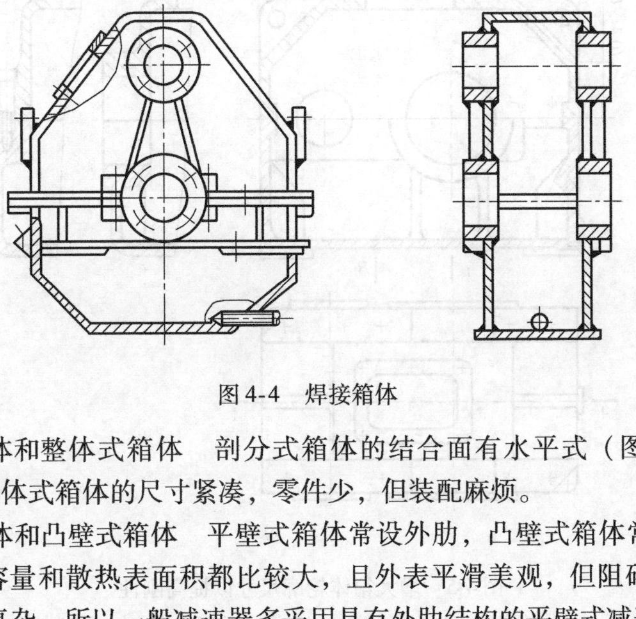

图 4-4　焊接箱体

（2）剖分式箱体和整体式箱体　剖分式箱体的结合面有水平式（图 4-3a）和倾斜式（图 4-3c）两种。整体式箱体的尺寸紧凑，零件少，但装配麻烦。

（3）平壁式箱体和凸壁式箱体　平壁式箱体常设外肋，凸壁式箱体常设内肋。内肋式箱体的刚度、油池容量和散热表面积都比较大，且外表平滑美观，但阻碍箱内润滑油的流动，铸造工艺比较复杂，所以一般减速器多采用具有外肋结构的平壁式减速器。

3. 附件

为了使减速器具备较完善的性能，如注油、排油、通气、吊运、检查油面高度等，在减速器箱体上常需设置某些装置或零件，这些统称为减速器附件。它们主要包括窥视孔和窥视孔盖、通气器、油标、放油螺塞、定位销、起盖螺钉、起吊装置、轴承端盖等。

4.1.3　箱体结构的设计要求

1. 箱体要具有足够的刚度

为了避免箱体在加工和工作过程中产生不允许的变形，而引起的轴承座中心线歪斜、传动偏载等影响减速器正常工作的问题，设计时要注意以下几点：

（1）合理确定箱体的尺寸与形状　箱体的尺寸直接影响它的刚度。首先要确定合理的箱座壁厚 δ。在相同壁厚情况下，增加箱体底面积及箱体轮廓尺寸，可以增大抗弯扭的惯性矩，有利于提高箱体的整体刚性。图4-5所示为两种不同轮廓尺寸的箱体，其刚性不同。

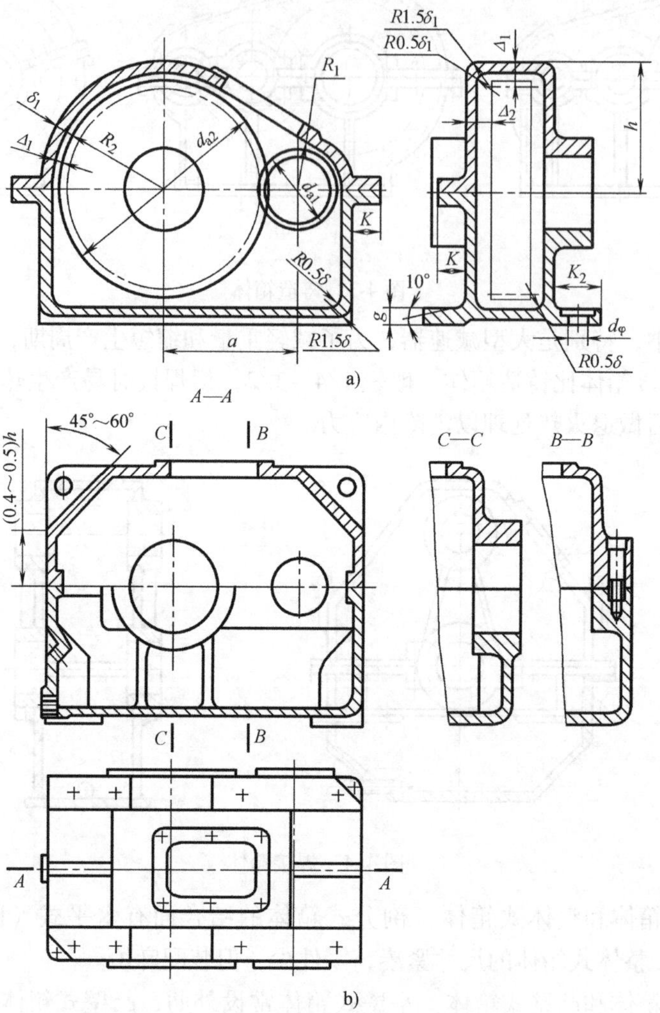

图4-5 增大箱体轮廓尺寸以提高刚性

a）箱体轮廓尺寸小，刚性较小 b）箱体轮廓尺寸较大，刚性较大

（2）轴承座应有足够的壁厚 当轴承座孔采用凸缘式轴承盖时，由于安装轴承盖螺钉的需要，所确定的轴承座壁厚已具有足够的刚度。使用嵌入式轴承盖的轴承座时，一般应取与使用凸缘式轴承盖时相同的厚度。

（3）合理设计肋板 在箱体的受载集中处设置肋板，可以明显提高局部刚度。一般减速器采用平壁式箱体加外肋板箱体结构，如图4-6a所示。大型减速器也可以采用凸壁式箱体结构，它相当于双内肋板，如图4-6b所示，其刚度大，外形整齐，但制造较复杂。

（4）设置凸台 为提高剖分式箱体轴承座的联接刚度，轴承座孔两侧的联接螺栓应尽量靠近，但不能与端盖螺钉孔及箱内输油沟发生干涉，为此在轴承座孔两旁应设置凸台。

1）轴承座孔两侧螺栓的距离 s 的确定 s 过大，如图4-7所示，不设凸台，轴承座刚性差。s 过小，如图4-8所示，螺栓孔可能与轴承盖螺孔干涉，还可能与输油沟干涉，为保证扳手空间还会不必要地加大凸台高度。s 一般取凸缘式轴承盖的外圆直径 D_2，如图4-9所示。

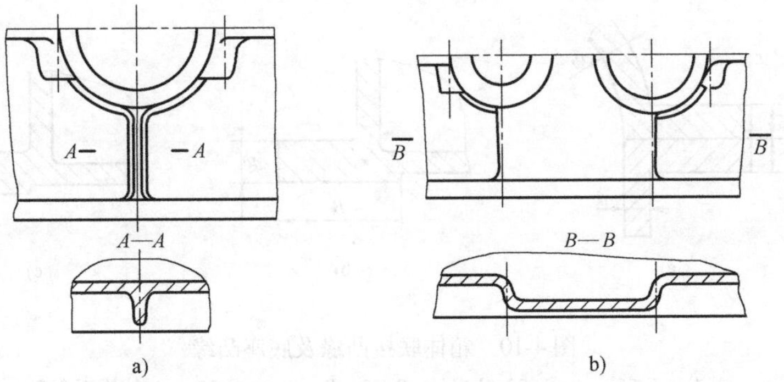

图4-6　合理设计肋板

a）平壁式箱体加外肋　b）凸壁式箱体

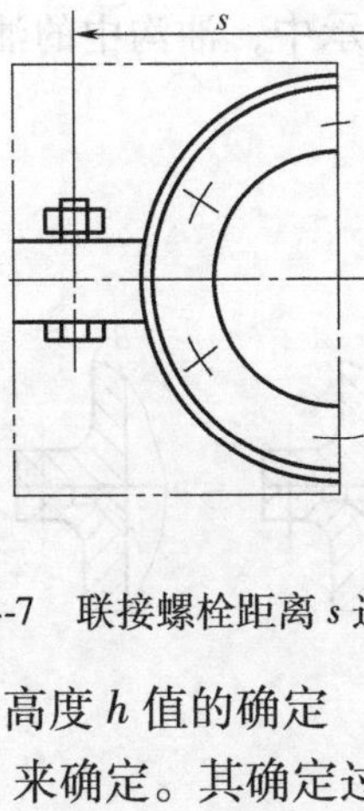

图4-7　联接螺栓距离 s 过大

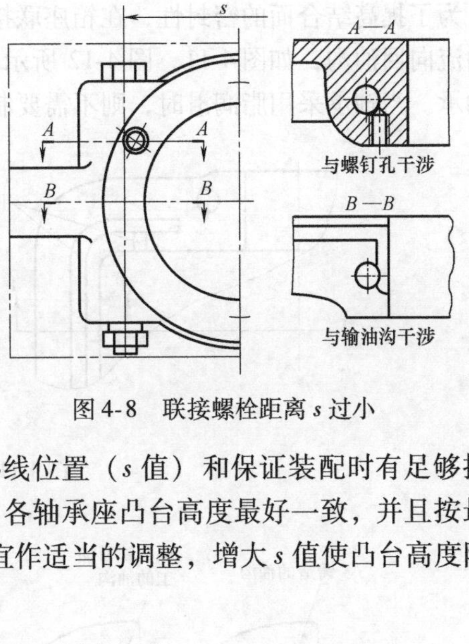

图4-8　联接螺栓距离 s 过小

2）凸台高度 h 值的确定　h 由联接螺栓中心线位置（s 值）和保证装配时有足够扳手空间（s 值）来确定。其确定过程如图4-9所示。各轴承座凸台高度最好一致，并且按最大轴承座凸台高度确定，若对其他轴承座不合适，宜作适当的调整，增大 s 值使凸台高度降到合适的位置。

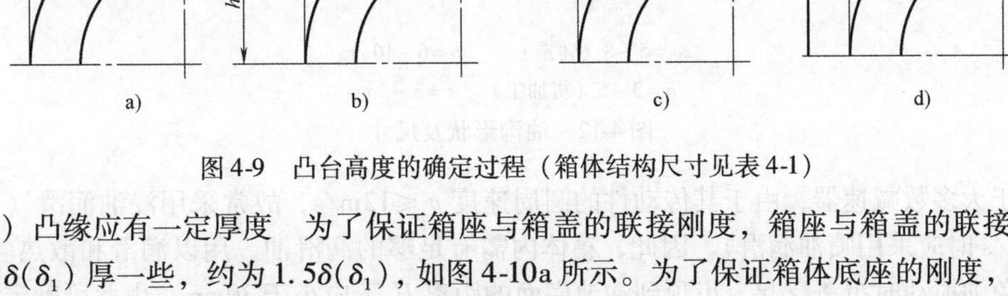

图4-9　凸台高度的确定过程（箱体结构尺寸见表4-1）

（5）凸缘应有一定厚度　为了保证箱座与箱盖的联接刚度，箱座与箱盖的联接凸缘应较箱壁 $\delta(\delta_1)$ 厚一些，约为 $1.5\delta(\delta_1)$，如图4-10a所示。为了保证箱体底座的刚度，取底座凸缘厚度为 2.5δ，底面宽度 B 应超过内壁位置，一般 $B=c_1+c_2+2\delta$，c_1、c_2 为地脚螺栓扳手空间的尺寸，如图4-10b所示。图4-10c所示结构不合理。

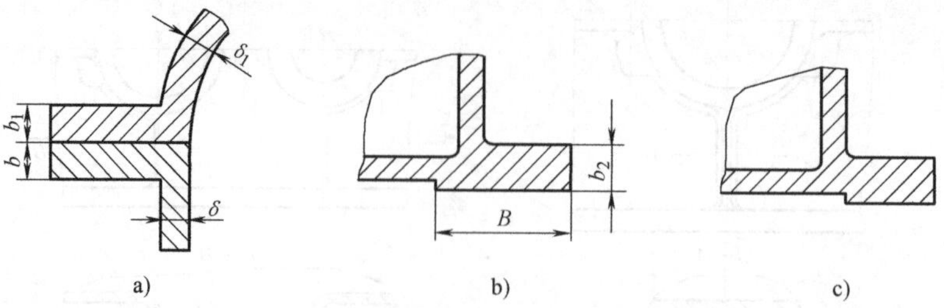

图 4-10　箱体联接凸缘及底座凸缘

a）$b_1=1.5\delta_1$　$b=1.5\delta$　b）$b_2=2.5\delta$　$B=c_1+c_2+2\delta$　c）结构不合理

2. 箱体应有可靠的密封及便于传动件润滑和散热

为了保证箱盖与箱座结合面的密封性，对结合面的几何精度和表面粗糙度应有一定的要求。为了提高结合面的密封性，在箱座联接凸缘上需铣出和铸出导油槽，使渗向结合面的润滑油流向回油沟，如图 4-11、图 4-12 所示，在用油润滑的轴承中，油沟中的油将被用来润滑轴承。当轴承采用脂润滑时，则不需要制出回油沟。

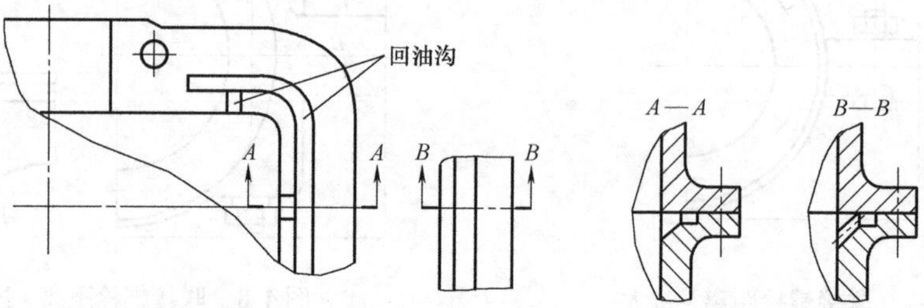

图 4-11　回油沟结构

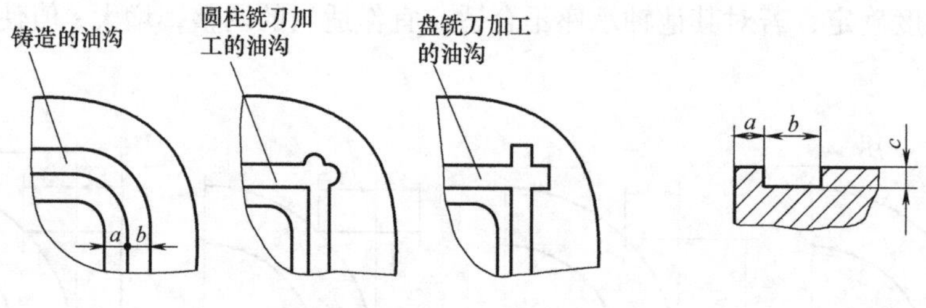

$a=5\sim8$（铸造）　$b=6\sim10$mm

$a=3\sim5$（机加工）　$c=3\sim5$mm

图 4-12　油沟形状及尺寸

对于大多数减速器，由于其传动件的圆周速度 $v\leqslant12$m/s，故常采用浸油润滑（当速度 $v>12$m/s 时应采用喷油润滑）。因此，箱体内需有足够的润滑油，用以润滑和散热。同时，为了避免油搅动时沉渣泛起，齿顶到油池底面的距离 H_2 不应小于 30mm，由此可确定箱座高度，传动件的浸油深度 H_1，如图 4-13 所示。

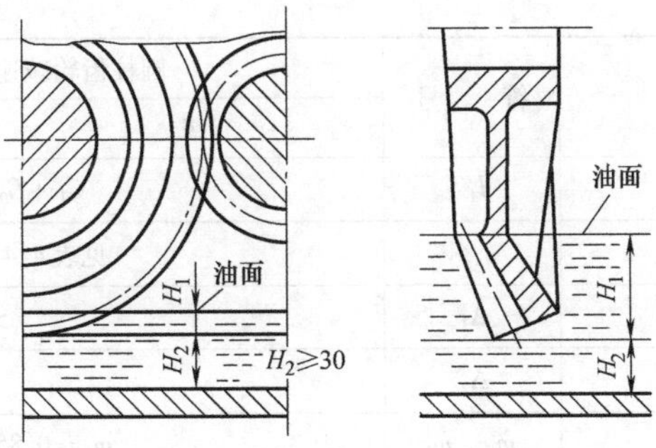

图 4-13　油池润滑示例

4.1.4　箱体的结构尺寸

图 4-1、图 4-2 所示分别为一级圆柱齿轮减速器和二级圆柱齿轮减速器的典型结构。设计减速器的箱体结构时，可参考图 4-5、图 4-7、图 4-8、图 4-9、图 4-10 及表 4-2、表 4-3、表 4-4 确定铸造箱体各部分的尺寸。

表 4-2　铸造减速器箱体主要结构尺寸

名　称	符　号	圆柱齿轮减速器形式及尺寸关系		
		一　级	二　级	三　级
箱座壁厚	δ	$0.025a+1 \geqslant 8$	$0.025a+3 \geqslant 8$	$0.025a+5 \geqslant 8$
箱盖壁厚	δ_1	$0.02a+1 \geqslant 8$	$0.02a+3 \geqslant 8$	$0.02a+5 \geqslant 8$
箱盖凸缘厚度	b_1	$1.5\delta_1$		
箱座凸缘厚度	b	1.5δ		
箱座底凸缘厚度	b_2	2.5δ		
地脚螺钉直径	d_f	$0.036a+12$		
地脚螺钉数目	n	$a<250$ 时，$n=4$ $a>250 \sim 500$ 时，$n=6$ $a>500$ 时，$n=8$		
轴承旁联接螺栓直径	d_1	$0.75d_f$		
箱盖与箱座联接螺栓直径	d_2	$(0.5 \sim 0.6)\ d_f$		
联接螺栓 d_2 间距	l	150 ~ 200		
轴承端盖螺钉直径	d_3	$(0.4 \sim 0.5)\ d_f$		
窥视孔盖螺钉直径	d_4	$(0.3 \sim 0.4)\ d_f$		
定位销直径	d	$(0.7 \sim 0.8)\ d_2$		
d_f、d_1、d_2 至外箱壁距离	C_1	见表 4-3		
d_f、d_2 至凸缘边缘距离	C_2	见表 4-3		
轴承旁凸台半径	R_1	C_2		
凸台高度	h	根据低速级轴承座外径确定，以便于扳手操作为准		

（续）

名　称	符　号	圆柱齿轮减速器形式及尺寸关系		
		一　级	二　级	三　级
外箱壁至轴承座端面距离	l_1	$C_1+C_2+(5\sim10)$		
铸造过渡尺寸	x、y	见表4-4 铸造过渡斜度		
大齿轮顶圆与内箱壁距离	Δ_1	$>1.2\delta$		
齿轮端面与内箱壁距离	Δ_2	$>\delta$		
箱盖、箱座肋厚	m_1、m	$m_1\approx0.85\delta_1$；$m\approx0.85\delta$		
轴承端盖外径	D_2	$D+(2.5\sim3)\ d_3$；D－轴承外径（嵌入式轴承盖尺寸）		
轴承旁联接螺栓距离	s	尽量靠近，以 d_1 和 d_3 互不干涉为准，一般取 $s\approx D_2$		

注：1. 多级传动时，a 取低速级中心距。

2. 焊接箱体的箱壁厚度约为铸造箱体壁厚的0.7～0.8倍。

表4-3　C_1、C_2 值　（单位：mm）

螺栓直径	M6	M8	M10	M12	M14	M16	M18	M20	M22	M24	M27	M30
C_{1min}	12	14	16	18	20	22	24	26	30	34	38	40
C_{2min}	10	12	14	16	18	20	22	24	26	28	32	35
D_0	13	18	22	26	30	33	36	40	43	48	53	61
R_{0min}	5					8				10		
r_{max}	3						5			8		

表4-4　铸造斜度

	斜度 $x:y$	角　度	使用范围
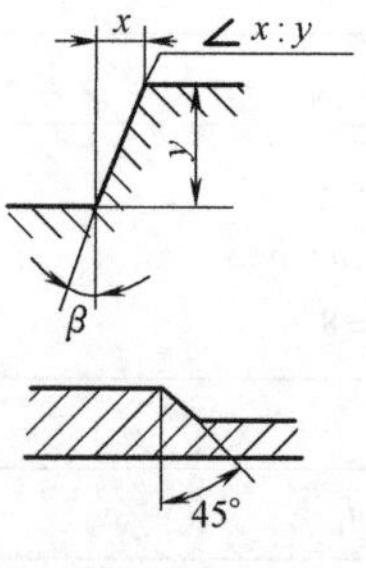	1:5	11°30′	$y<25$mm 的钢和铁铸件
	1:10 1:20	5°30′ 5°	$y=25\sim500$mm 时的钢和铁铸件
	1:50	1°	$y>500$mm 时的钢和铁铸件
	1:100	30′	有色金属铸件

注：当设计不同壁厚的铸件时，在转折点处的斜角最大还可增大到30°～45°。

4.2　减速器附件的设计

1. 窥视孔和窥视孔盖

窥视孔用于检查传动件的啮合情况、润滑状态、接触斑点及齿侧间隙，还可用来注入润滑油，故窥视孔应开在便于观察传动件啮合区的位置，其尺寸大小应便于检查操作，如图4-14所示，窥视孔及其盖板的具体尺寸参见表4-5所示。

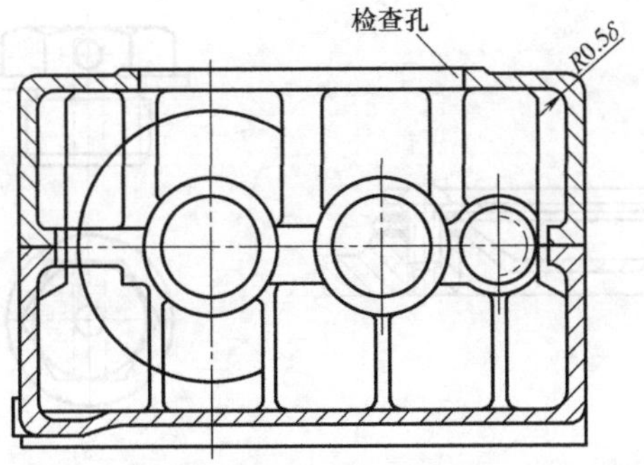

图4-14 窥视孔的结构

表4-5 窥视孔及其盖板 （单位：mm）

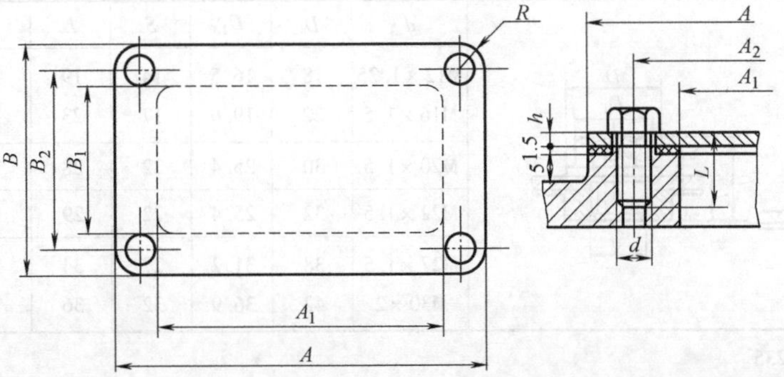

A	B	A_1	B_1	A_2	B_2	h	R	螺钉		
								d	L	个数
115	90	75	50	95	70	3	10	M8	15	4
160	135	100	75	130	105	3	15	M10	20	4
210	160	150	100	180	130	3	15	M10	20	6
260	210	200	150	230	180	4	20	M12	25	8
360	260	300	200	330	230	4	25	M12	25	8
460	360	400	300	430	330	6	30	M12	25	8

窥视孔（检查孔）可用铸铁、钢板或有机玻璃制成，它和箱体之间应加密封垫，还可在孔口处加过滤装置，以过滤注入油中的杂质，如图4-15所示。箱盖上放盖板的表面应设计一个高度为3～5mm凸台，以便刨削或铣削。

2. 通气器

减速器工作时，由于摩擦发热，箱体内的温度升高，气压增大，导致润滑油从缝隙处向外渗漏。为使箱内外气压一致，通常多在箱盖顶部或窥视孔盖上安装通气器，使箱体内的热空气自由逸出，达到箱体内外气压相等，从而保持其密封性能。通气器的结构形式很多，图4-16a所示为简易的通气器，常用带孔螺钉制成，用于比较清洁的场合；图4-16b为性能较好的通气器，其内部做成各种曲路，并设有金属网，以防止灰尘进入。通气器的结构及尺寸可参考表4-6。

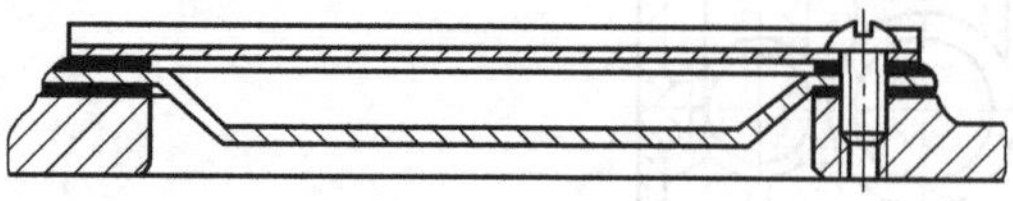

图 4-15 带有过滤网的窥视孔

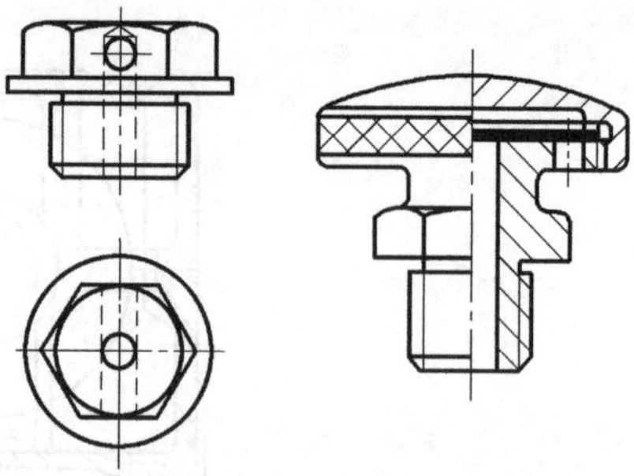

a) b)

图 4-16 通气器

a）带孔螺钉通气器 b）设有金属网的通气器

表 4-6 通气器的结构及尺寸 （单位：mm）

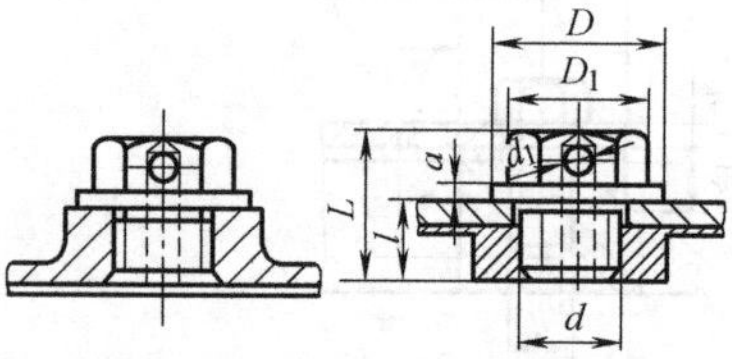

d	D	D_1	S	L	l	a	d_1
M12×1.25	18	16.5	14	19	10	2	4
M16×1.5	22	19.6	17	23	12	2	5
M20×1.5	30	25.4	22	28	15	4	6
M22×1.5	32	25.4	22	29	15	4	7
M27×1.5	38	31.2	27	34	18	4	8
M30×2	42	36.9	32	36	18	4	8

注：1. 材料为 Q235。
2. S 为扳手开口宽度。

3. 油标

油标用来指示油面高度，应设置在便于检查及油面较稳定之处（如低速级传动件附近）。常有的油标有圆形油标、长形油标、管状油标和杆式油标。一般多用带有螺纹的杆式油标（图 4-17），杆式油标结构简单，其上有分度线表示最高及最低油面。油标安置的部位不能太低，以防油进入油标座孔而溢出，其倾斜角度应便于油标座孔的加工（图 4-18）及油标的装拆，杆式油标的结构及具体尺寸见表 4-7。

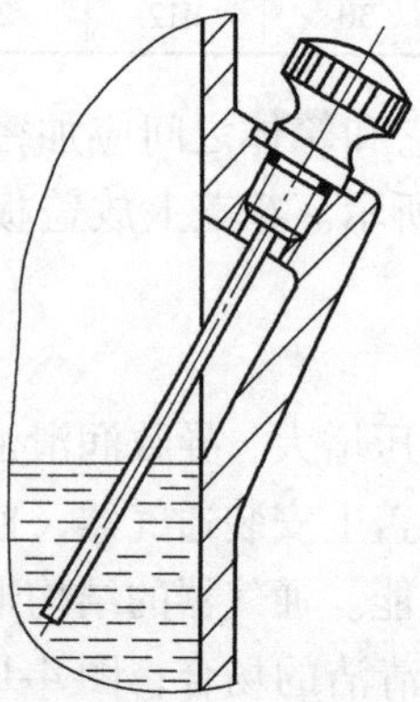

图 4-17 杆式油标

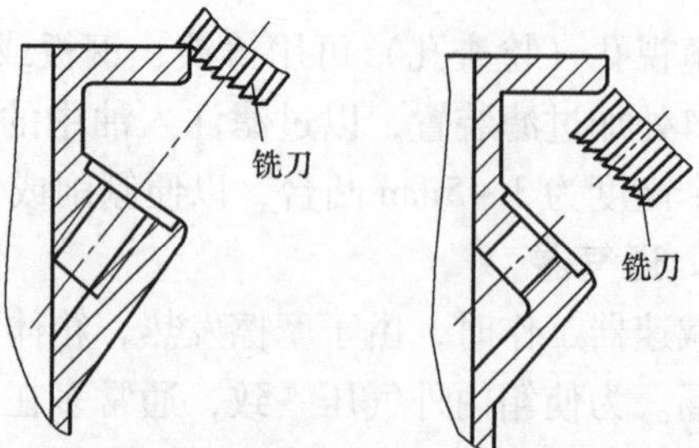

a) b)

图 4-18 油标安装位置的工艺性

a）不正确 b）正确

表4-7　杆式油标的结构及具体尺寸　（单位：mm）

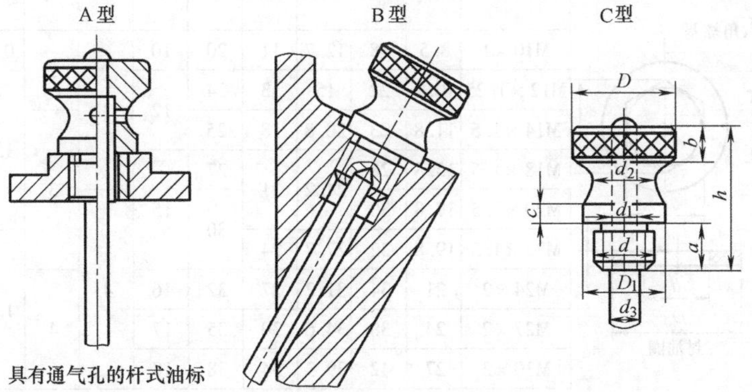

具有通气孔的杆式油标

d	d_1	d_2	d_3	h	a	b	c	D	D_1
M12	4	12	6	28	10	6	4	20	16
M16	4	16	6	35	12	8	5	26	22
M20	6	20	8	42	15	10	6	32	26

注：油标长度由具体结构确定。

4. 放油螺塞

放油孔应设在箱座底面的最低处，常将箱体的内底面设计成向放油孔方向倾斜1°～1.5°，并在其附近做出一小凹坑，以便于攻螺纹及油污的汇集和排放。图4-19a所示的结构工艺性较好，图4-19b所示的结构未开凹坑，加工工艺性差。放油螺塞常为六角头细牙螺纹，在放油螺塞与放油孔的接触面处，应加封油圈密封，封油圈常用石棉橡胶纸板或皮革制成，螺塞及封油圈的尺寸见表4-8。

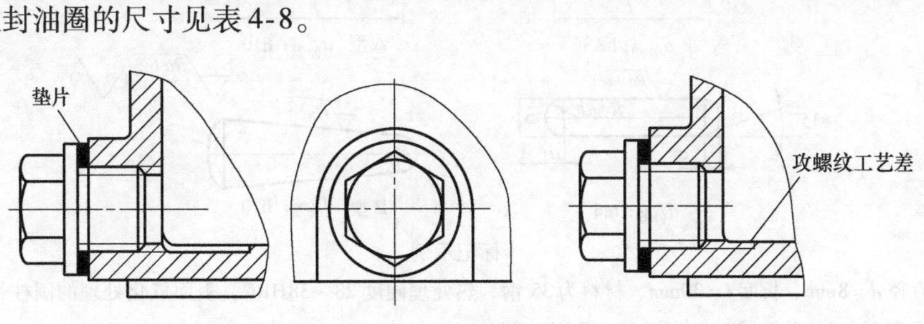

图4-19　放油螺栓的结构

a）油孔附近有凹坑　b）油孔处没有凹坑

5. 定位销

为了精确地加工轴承座孔，并保证减速器每次拆装后，轴承座的上下半孔始终保持加工时的位置精度，应在箱盖和箱座的剖分面加工完成并用螺栓联接之后，镗孔之前，在箱盖和箱座的联接凸缘上配装两个定位销。定位销的位置应便于钻、铰加工，且不妨碍附近联接螺栓的装拆。两定位销应相距较远，且不宜对称布置，以提高定位精度。

表 4-8　外六角螺塞、纸封油圈、皮封油圈　　（单位：mm）

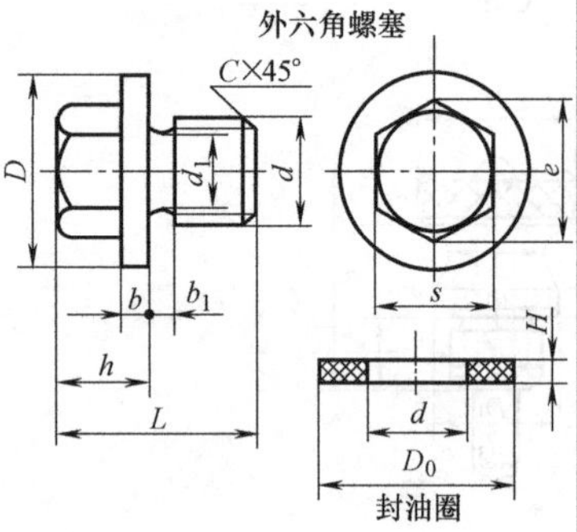

d	d_1	D	e	s	L	h	b	b_1	C	D_0	H 纸圈	H 皮圈
M10×1	8.5	18	12.7	11	20	10	3	2	0.7	18	2	2
M12×1.25	10.2	22	15	13	24	12			1.0	22		
M14×1.5	11.8	23	20.8	18	25			3		22		
M18×1.5	15.8	28	24.2	21	27	15				25		
M20×1.5	17.8	30			30					30		
M22×1.5	19.8	32	27.7	24					1.5	32		
M24×2	21	34	31.2	27	32	16	4	4		35	3	2.5
M27×2	24	38	34.6	30	35	17				40		
M30×2	27	42	39.3	34	38	18				45		

材料：螺塞—Q235；纸封油圈—石棉橡胶纸；皮封油圈—工业用革

定位销选圆锥销，其公称直径（小端直径）可取为(0.7～0.8mm) d_2，其中 d_2 为箱盖与箱座联接螺栓直径，其长度应稍大于箱盖和箱座联接凸缘的总厚度，如图 4-20 所示，以便于装拆。

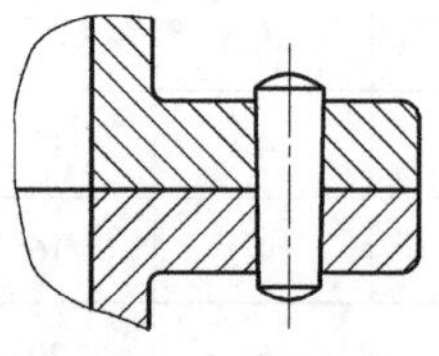

图 4-20　定位销结构

定位销直径 d 应取标准值，可根据表 4-9 选取。

表 4-9　圆柱销（GB/T 119.1—2000 摘录）、圆锥销（GB/T 117—2000 摘录）

（单位：mm）

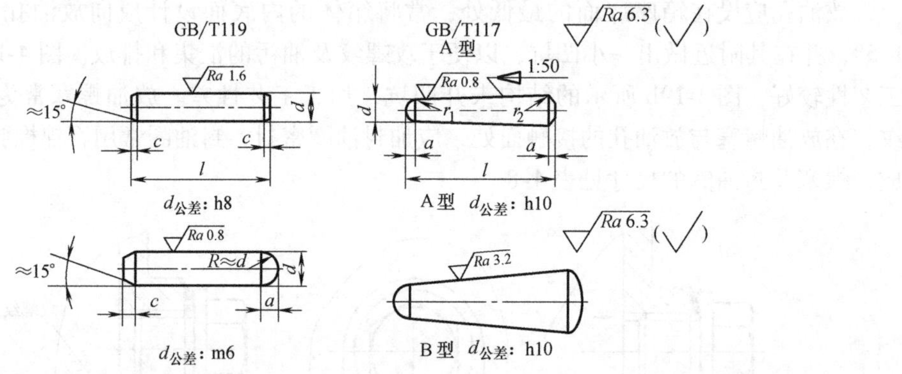

标记示例

公称直径 d＝8mm、长度 l＝30mm、材料为 35 钢、热处理硬度 28～38HRC、表面氧化处理的圆柱销（或 A 型圆锥销）：销 GB/T 119.1　8h8×30（或 GB/T 117　8×30）

公称直径 d			3	4	5	6	8	10	12	16	20	25
圆柱销	c≈		0.5	0.63	0.8	1.2	1.6	2.0	2.5	3.0	3.5	4.0
	l（公称）		8～30	8～40	10～50	12～60	14～80	18～95	22～140	26～180	35～200	50～200
圆锥销	d	min	2.96	3.95	4.95	5.95	7.94	9.94	11.93	15.93	19.92	24.92
		max	3	4	5	6	8	10	12	16	20	25
	a≈		0.4	0.5	0.63	0.8	1.0	1.2	1.6	2.0	2.5	3.0
	l（公称）		12～45	14～55	18～60	22～90	22～120	26～160	32～180	40～200	45～200	50～200
l（公称）的系列			12～32（2 进位），35～100（5 进位），100～200（20 进位）									

6. 启盖螺钉

为了便于开启箱盖，可在箱盖凸缘上装设 1 ~ 2 个起盖螺钉。拆装箱盖时，可先拧动此螺钉顶起箱盖。启盖螺钉直径一般与凸缘联接螺栓相同，钉头部位应为细圆柱形，以免损坏螺纹，如图 4-21 所示。

7. 起吊装置

为了便于搬运减速器，应在箱体上设置起吊装置。常用的起吊装置有如下几种。

(1) 吊环螺钉　吊环螺钉为标准件，如图 4-22 所示，按起重质量选取，具体设计见表 4-10。每台减速器应设置两个吊环螺钉，将其旋入箱盖凸台上的螺孔中，吊环螺钉的凸肩应紧抵支承面。

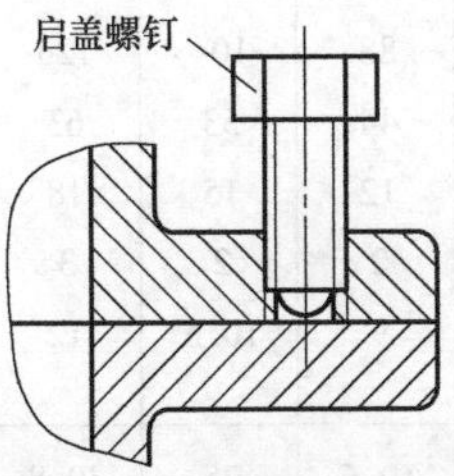

图 4-21　启盖螺钉结构

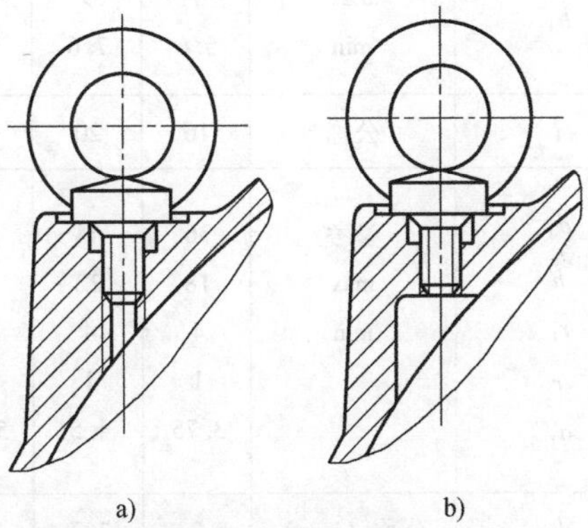

图 4-22　吊环螺钉

表 4-10　吊环螺钉（GB/T 825—1988 摘录）

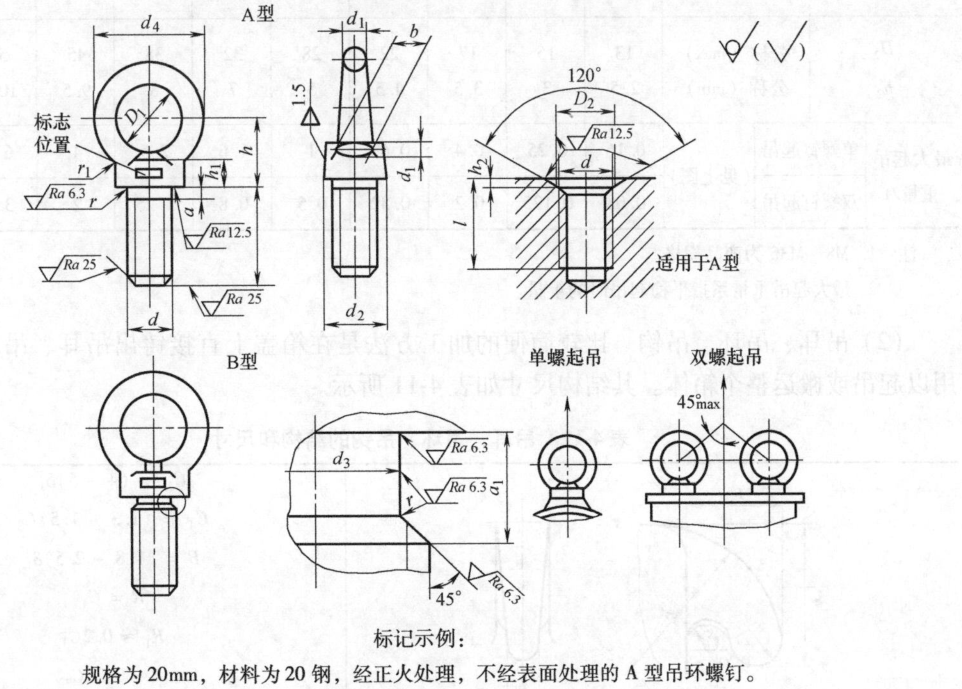

标记示例：

规格为 20mm，材料为 20 钢，经正火处理，不经表面处理的 A 型吊环螺钉。

螺钉 M20（GB/T 825）

（续）

螺纹规格 d		M8	M10	M12	M16	M20	M24	M30	M36	M42	M48
d_1	max	9.1	11.1	13.1	15.2	17.4	21.4	25.7	30	34.4	40.7
	min	7.6	9.6	11.6	13.6	15.6	19.6	23.5	27.5	31.2	37.1
D_1	公称	20	24	28	34	40	48	56	67	80	95
d_2	max	21.1	25.1	29.1	35.2	41.4	49.4	57.7	69	82.4	97.7
	min	19.6	23.6	27.6	33.6	39.6	47.6	55.5	66.5	79.2	94.1
h_1	max	7	9	11	13	15.1	19.1	23.2	27.4	31.7	36.9
	min	5.6	7.6	9.6	11.6	13.5	17.5	21.4	25.4	29.2	34.1
l	公称	16	20	22	28	35	40	45	55	65	70
d_4	参考	36	44	52	62	72	88	104	123	144	171
h	max	18	22	26	31	36	44	53	63	74	87
r_1	min	4	4	6	6	8	12	15	18	20	22
r		1	1	1	1	1	2	2	3	3	3
a_1		3.75	4.5	5.25	6	7.5	9	10.5	12	13.5	15
d_3	公称（max）	6	7.7	9.4	13	16.4	19.6	25	30.8	35.6	41
a	max	2.5	3	3.5	4	5	6	7	8	9	10
b	min	10	12	14	16	19	24	28	32	38	46
D_2	公称（max）	13	15	17	22	28	32	38	45	52	60
h_2	公称（min）	2.5	3	3.5	4.5	5	7	8	9.5	10.5	11.5
最大起吊重量/t 单螺钉起吊	（见上图）	0.16	0.25	0.4	0.63	1	1.6	2.5	4	6.3	8
最大起吊重量/t 双螺钉起吊	（见上图）	0.08	0.125	0.2	0.32	0.5	0.8	1.25	2	3.2	4

注：1. M8 ~ M36 为商品规格。

2. 最大起吊重量系指平稳起吊时的重量。

（2）吊耳、吊环、吊钩　比较简便的加工方法是在箱盖上直接铸出吊耳、吊环或吊钩，用以起吊或搬运整个箱体。其结构尺寸如表 4-11 所示。

表 4-11　吊耳、吊环、吊钩的结构和尺寸

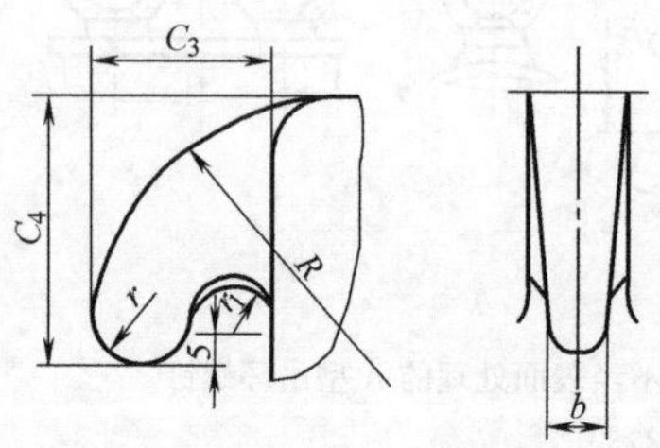

$C_3 = (4 \sim 5)\delta_1$

$C_4 = (1.3 \sim 1.5)C_3$

$B = (1.8 \sim 2.5)\delta_1$

$R = C_4$

$R_1 \approx 0.2C_3$

$r \approx 0.25C_3$

δ_1—箱盖壁厚

（续）

<table>
<tr><td>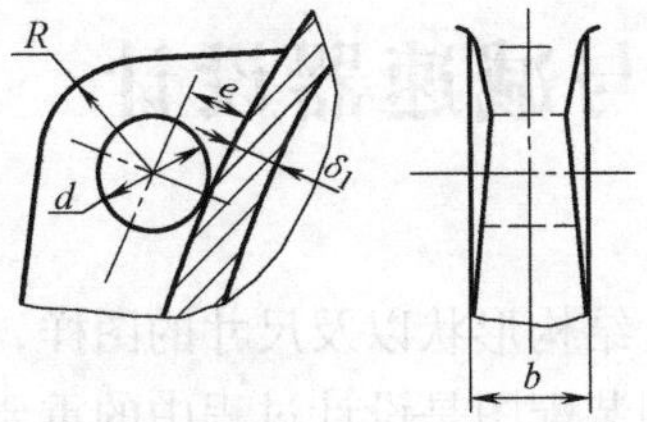
</td><td>$d=b\approx(1.8\sim2.5)\delta_1$
$R\approx(1\sim1.2)d$
$e\approx(0.8\sim1)d$
δ_1—箱盖壁厚</td></tr>
<tr><td>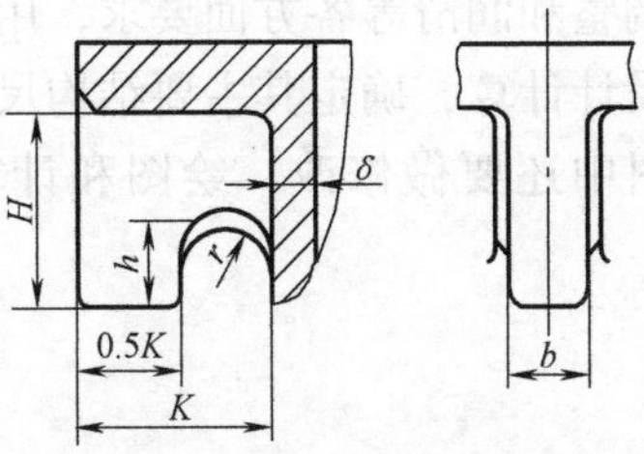
</td><td>$K=C_1+C_2$
$H\approx0.8K$
$h\approx0.5H$
$r\approx0.25K$
$b\approx(1.8\sim2.5)\delta$
δ—箱座壁厚</td></tr>
</table>

第 5 章　装配图绘制与减速器设计

装配图是反映各个零件的相互位置、装配关系、结构形状以及尺寸的图样，也是绘制零件图和组装、调试、维护机器的技术依据，所以绘制装配图是设计过程中的重要环节，必须综合考虑零件的材料、强度、刚度、加工、装拆、调整和润滑等各方面要求，用足够的视图和剖面图表达清楚。装配图设计中先进行传动零件设计计算，确定其主要结构尺寸，再进行图面设计绘图，有些尺寸不能单靠计算确定，绘图中还要做修改，绘图和计算常需交叉进行。

5.1　装配图的绘制准备

在绘制装配图之前，应查阅有关资料，分析减速器内部构造，了解各零部件的功用、结构特点及制造工艺等，从而确定自己所设计的减速器的结构方案。此外，还要根据任务书上的技术数据，选择计算出有关传动零部件的结构和主要尺寸。具体内容如下。

1. 原始资料

（1）选择电动机的类型和型号，查出其轴径、伸出长度和中心高。

（2）按工作情况和转矩选出联轴器的类型、型号和两端轴孔直径和孔宽，确定有关装配尺寸。

（3）确定各类传动零件的中心距、外圆直径和宽度（轮毂和轮缘）。

2. 选择结构方案

（1）选择减速器箱体的结构，确定采用哪种形式和具体结构尺寸，如整体式、剖分式、铸造式和焊接式。

（2）确定滚动轴承的类型和支承方式。

（3）确定润滑方式、润滑装置和密封装置。

（4）确定轴承端盖结构，如凸缘式或嵌入式。

5.1.1　视图的选择与图面的布置

装配图可用 A0 或 A1 号图纸绘制，图纸幅面及图框格式应符合机械制图的标准，一般需用 3 个视图的布置形式，如图 5-1 所示。若减速器结构简单，也可用两个视图和附加必要的剖视图或局部视图来表达。尽量采用 1:1 或 1:2 的比例尺绘图。在布局之前，应根据传动件的中心距、齿顶圆及轮宽等主要结构尺寸，估计出减速器的轮廓尺寸，并留出标题栏、明细栏、零件编号、技术特性及技术要求的文字说明等位置，做好图面的合理布置。

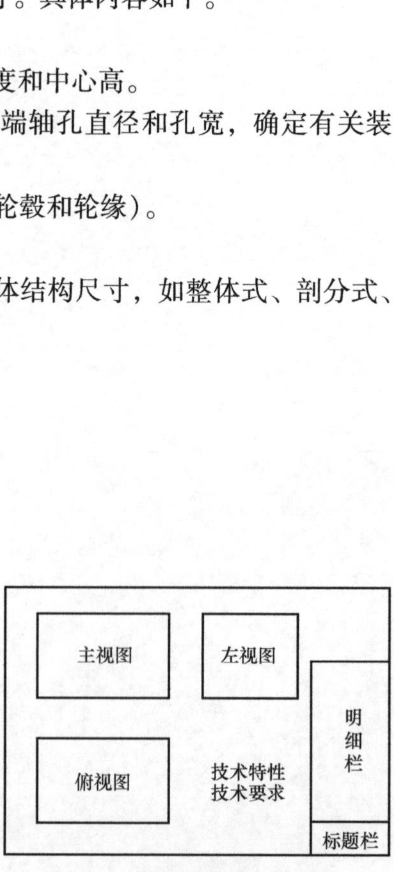

图 5-1　装配图的图面布置

5.1.2　确定传动零件的中心线及齿轮的轮廓

先画出箱内传动零件的中心线和齿顶圆（或蜗轮外圆）、分度圆、齿根圆、轮缘及轮毂的轮廓线。对于多级减速器，最好先画中间轴的中心线和传动件的轮廓线，然后向两侧展开；对于锥齿轮传动，要使两齿轮大端端面对齐，锥顶交于一点；对于蜗杆传动，要使蜗杆轴平面和蜗轮中间平面重合。

5.1.3　确定箱体的内壁线

箱体内壁与齿轮轮毂端面应留有一定的距离Δ_2（一般$\Delta_2 = 10 \sim 15$mm，对于重型减速器应取大些），大齿轮齿顶圆（蜗轮外圆）与箱体内壁应留有距离Δ_1（$\Delta_1 \geqslant 1.2\delta$，$\delta$为箱座壁厚）。箱体内壁至轴承端面的距离$\Delta_3$，可取10~15mm。减速器常见装配设计尺寸见表5-1。

表5-1　减速器常见装配设计尺寸

符　号	名　称	尺寸确定及说明
b_1、b_2	大、小齿轮宽度	由齿轮设计计算确定
Δ_1	齿轮齿顶圆与箱体内壁的距离	$\Delta_1 \geqslant 1.2\delta$（$\delta$箱座壁厚，见表4-1）
Δ_2	齿轮端面与箱体内壁的距离	应考虑铸造和安装精度，取$\Delta_2 = 10 \sim 15$mm
Δ_3	箱体内壁至轴承端面的距离	轴承用脂润滑时，此处设挡油盘，$\Delta_3 = 10 \sim 15$mm；油润滑时$\Delta_3 = 3 \sim 5$mm
Δ_4	具有相对运动的相邻的两个回转零件端面之间的距离	$\Delta_4 = 10$mm
Δ_5	小齿轮齿顶圆与箱体内壁距离	由箱体结构投影确定
B	轴承宽度	按初选的轴承型号确定
m	轴承盖定位圆柱面长度	根据结构，$m = L - \Delta_3 - B$
l_1	外伸轴段上旋转零件的内端面与轴承盖外端面的距离	l_1要保证轴承盖螺钉的装拆空间及联轴器柱销的装拆空间，一般$l_1 \geqslant 15$mm，对于嵌入式端盖$l_1 = 5 \sim 10$mm
l_2	外伸轴装旋转零件轴段的长度	由轴上旋转零件的相关尺寸决定
l_3	齿轮齿顶圆与相邻轴外圆的距离	$l_3 \geqslant 15 \sim 20$mm
Δ_6	大齿轮齿顶圆至箱底内壁的距离	$\Delta_6 > 30 \sim 50$mm
Δ_7	箱底至箱底内壁的距离	$\Delta_7 \approx 20$mm
H	减速器中心高	$H \geqslant r_a + \Delta_6 + \Delta_7$（$r_a$为大齿轮齿顶圆半径）

对于圆柱齿轮减速器，小齿轮齿顶圆与箱体内壁间的距离暂不确定，待进一步设计时，再由主视图上箱体结构的投影确定。对于蜗杆减速器，因箱体内壁之间的距离主要考虑蜗杆轴系结构及轴承尺寸，故箱体内壁与蜗轮轮毂端面的距离一般比较远。这一步骤的绘图方法如图5-2、图5-3所示。

5.1.4　确定箱体轴承座孔的宽度

轴承座孔宽度L一般取决于轴承旁联接螺栓所需的扳手空间尺寸C_1和C_2，$(C_1 + C_2)$，即为凸台宽度。轴承座孔外端面需要加工，为了减少加工面，凸台还需向外凸出5~10mm。因此，轴承座孔总宽$L = \delta + C_1 + C_2 + (5 \sim 10)$mm，如图5-4所示。

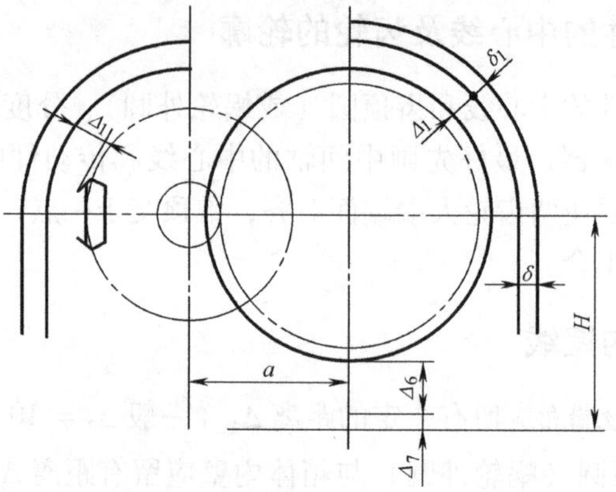

图 5-2　单级减速器装配草图——主视图

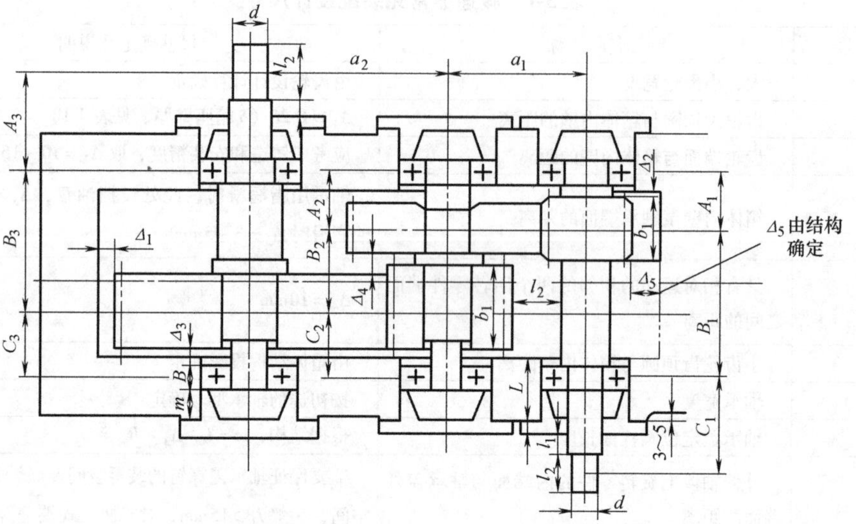

图 5-3　二级减速器装配草图——俯视图

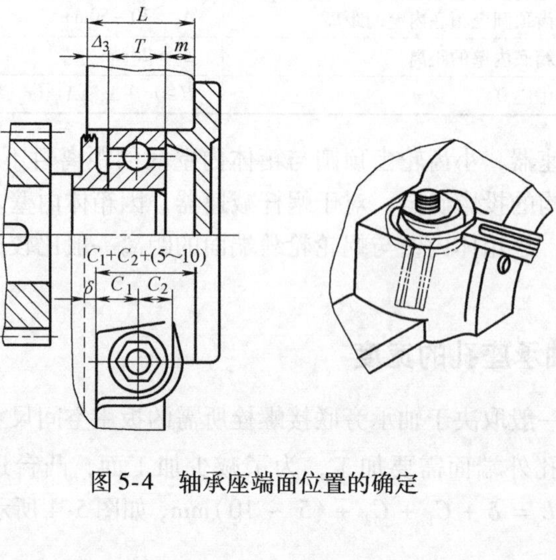

图 5-4　轴承座端面位置的确定

5.2 轴的结构设计

轴的结构设计是在初步估算轴径的基础上进行的。轴的结构设计应满足：轴上零件定位准确、固定可靠，轴上零件便于装拆和调整，具有良好的制造工艺性，尽量减少应力集中。

轴的结构形式取决于轴上零件的装配方案。应拟定几种不同的装配方案，以便进行比较与选择，以轴的结构简单，轴上零件少为佳。轴的结构设计的任务是合理确定阶梯轴的形状和全部结构尺寸。

5.2.1 轴的径向尺寸设计

（1）轴上装有带轮、齿轮和联轴器处的直径，如图5-5中的 d 和 d_3 应取标准值，而装有密封元件和滚动轴承处的直径，如 d_1、d_2、d_5，以则应与密封元件和轴承的内孔径尺寸一致。轴上两个支点的轴承，应尽量选用相同的型号，便于轴承座孔的加工。

（2）相邻轴段的直径不同即形成轴肩。当轴肩用于轴上零件定位和承受轴向力时，应具有一定的高度，如图5-5中的轴肩。一般的定位轴肩，高度可取（0.07~0.1）d；用作滚动轴承内圈定位时，轴肩的直径应按轴承的安装尺寸要求取值。

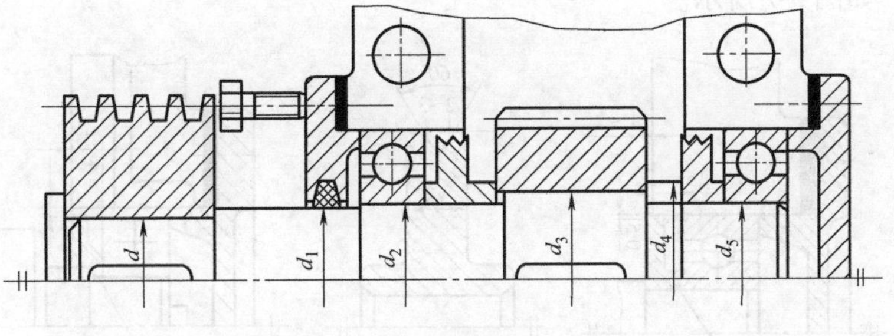

图5-5　轴的结构设计

（3）为了降低应力集中，轴肩处的过渡圆角不宜过小。用作零件定位的轴肩，零件毂孔的倒角（或圆角半径）应大于轴肩处过渡圆角半径，以保证定位的可靠，如图5-6所示。安装滚动轴承处轴肩的过渡圆角半径，应按轴承的安装尺寸要求取值。

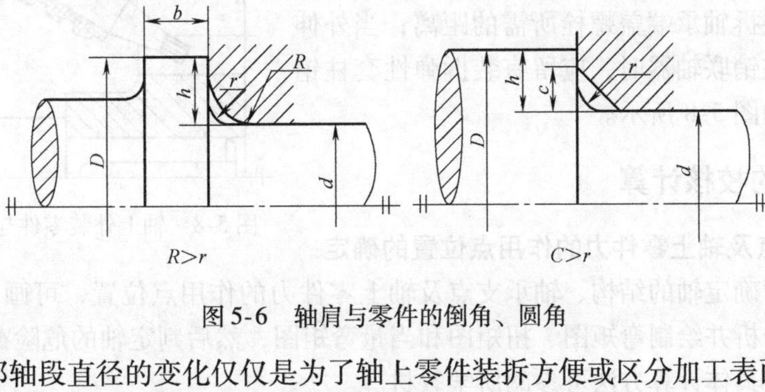

图5-6　轴肩与零件的倒角、圆角

如果两相邻轴段直径的变化仅仅是为了轴上零件装拆方便或区分加工表面时，则轴肩高度取1~2mm即可，也可以采用相同公称直径而取不同的公差值。

(4) 为了便于切削加工，一根轴上的过渡圆角应尽可能取相同的半径，退刀槽取相同的宽度，倒角取相同的尺寸；一根轴上各键槽应开在轴的同一素线上，若开有键槽的轴段直径相差不大时，尽可能采用相同宽度的键槽，以减少换刀的次数；需要磨削的轴段，应留有砂轮越程槽，以便磨削时砂轮可以磨到轴肩的端部；需切削螺纹的轴段，应留有退刀槽，以保证螺纹牙均能达到预期的高度。

5.2.2 轴的轴向尺寸设计

轴各段的长度主要取决于轴上零件（传动零件、轴承）的宽度以及相关零件（箱体轴承座、轴承端盖）的轴向位置和结构尺寸。

(1) 对于安装齿轮、带轮、联轴器的轴段，当这些零件靠其他零件（套筒、轴端挡圈等）顶住来实现轴向固定时，该轴段的长度应略短于相配轮毂的宽度，以保证固定可靠，如图 5-5 中安装齿轮和带轮的轴段。

(2) 安装滚动轴承处轴段的轴向尺寸由轴承的位置和宽度来确定。根据以上对轴的各段直径尺寸设计和已选的轴承类型，可初选轴承型号，查出轴承宽度和轴承外径等尺寸。轴承内侧端面的位置（轴承端面至箱体内壁的距离 Δ_3）可按表 5-1 确定。

轴承在轴承座中的位置与轴承润滑方式有关。轴承采用脂润滑时，常需在轴承旁设挡油环，轴承距离箱体内壁较远；当采用油润滑时，轴承应尽量靠近箱体内壁，可只留少许距离（Δ_3值较小），如图 5-7 所示。

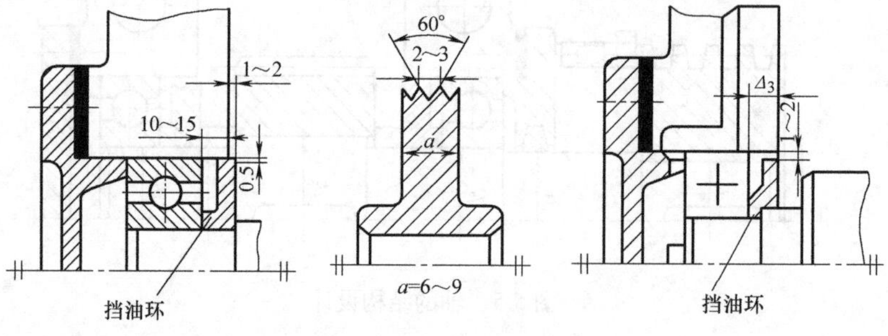

图 5-7　轴承在箱体中的位置及润滑

(3) 轴的外伸段长度取决于外伸轴段上安装的传动零件尺寸和轴承端盖的结构。如采用凸缘式轴承端盖，则应考虑装拆轴承端盖螺栓所需的距离；当外伸轴装有弹性套柱销联轴器时，应留有装拆弹性套柱销的必要距离，如图 5-8 所示。

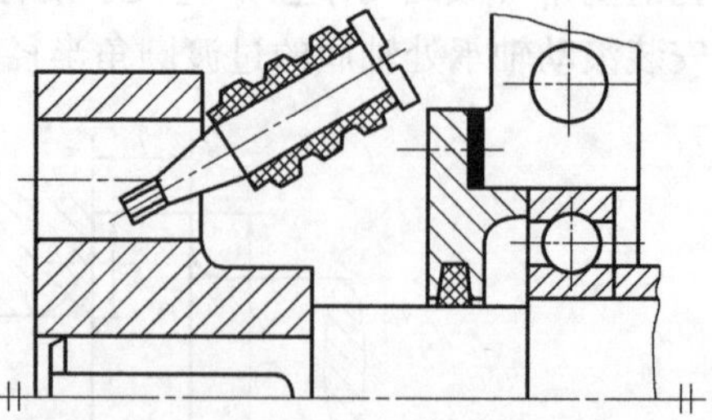

图 5-8　轴上外装零件与端盖间的距离

5.2.3 轴系的校核计算

1. 轴承支点及轴上零件力的作用点位置的确定

根据装配图确定轴的结构、轴承支点及轴上零件力的作用点位置，可画出轴的受力图，进行轴的受力分析并绘制弯矩图、扭矩图和当量弯矩图，然后判定轴的危险截面，进行轴的强度校核计算。具体计算方法可参阅所学教材。

2. 轴的强度计算

减速器各轴是转轴，一般按弯扭组合变形强度条件进行计算；对于载荷较大、轴径小、应力集中严重的截面（如轴上的键槽、螺纹、过盈配合及尺寸变化处），再按疲劳强度对危险截面进行安全系数校核计算。如果校核结果不满足强度要求，应对轴的一些参数和轴径、圆角半径等作适当修改；如果轴的强度余量较大，也不必立即改变轴的结构参数，待轴承和键的校核计算完成后，综合考虑整体结构，再决定是否修改及如何修改。

3. 滚动轴承的寿命计算

滚动轴承的寿命可与减速器的检修期大致相符。若计算出的寿命达不到要求，可考虑选另一系列的轴承，必要时可改变轴承类型。

4. 键联接强度的校核计算

对键联接主要是校核其挤压强度，若键联接强度不够，则应采取必要的修改措施，如增加键长、改用双键等。

5.3 传动零件、联接零件及支承零件的设计

传动零件主要包括齿轮、蜗轮、蜗杆；联接零件主要有平键、花键、销；支承零件主要指轴承。下面就齿轮、平键和轴承的设计分别加以说明。

5.3.1 齿轮的结构设计

通过齿轮传动的强度计算，确定齿数、模数、螺旋角、分度圆直径等主要参数和尺寸后，还要通过结构设计确定齿圈、轮辐、轮毂等的结构形式及尺寸。齿轮的结构形式主要依据齿轮的尺寸、材料、加工工艺、经济性等因素而定，各部分尺寸由经验公式求得。表5-2列出了圆柱齿轮的结构尺寸及其结构形式。

表5-2　圆柱齿轮的结构尺寸及其结构形式

序号	简　图	结构尺寸
1	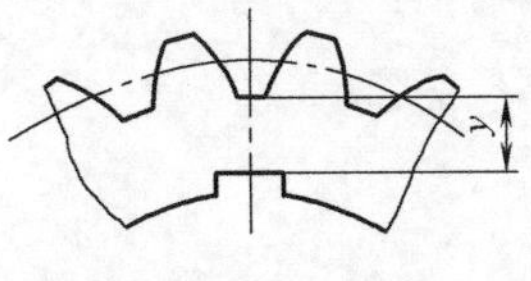	$y \leqslant 2m_n$ 做成轴齿轮(圆柱齿轮) $y \leqslant 1.6m_n$ 做成轴齿轮(锥齿轮) $y \geqslant 2m_n$(钢制)，$y \geqslant 2.5m_n$(铸铁)
2	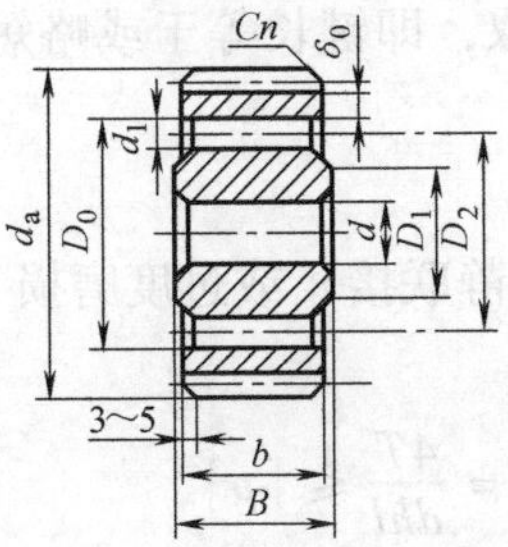	$d_a \leqslant 200$mm，锻造齿轮 $D_1 = 1.6d$ $B = (1.2 \sim 1.5)d \geqslant b$ $\delta_0 = 2.5m_n$(不小于8 ~ 10mm) $Cn = 0.5m_n$ $D_2 = 0.5(D_0 + D_1)$ $d_1 = 12 \sim 20$mm(d_a 较小时可不钻孔) $D_0 = d_a - 10m_n$

（续）

序号	简　图	结 构 尺 寸
3	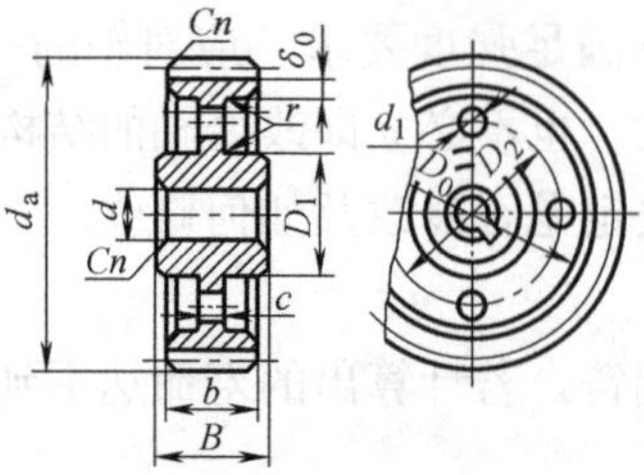	$d_a \leqslant 500$mm，锻造齿轮 $D_1 = 1.6d$；$B = (1.2 \sim 1.5)d \geqslant b$ $Cn = 0.5m_n$；$D_2 = 0.5(D_0 + D_1)$ $\delta_0 = (2.5 \sim 4)m_n$（但不小于8 ~ 10mm） $c = (0.2 \sim 0.3)b$（模锻） $c = 0.3b$（自由锻） $r = 0.5c$；$d_1 = 15 \sim 25$mm
4	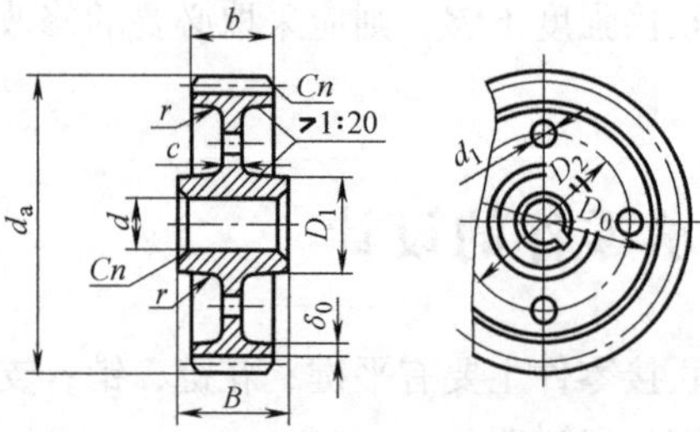	$d_a \leqslant 500$mm，平辐板锻造齿轮 $D_1 = 1.8d$（铸铁），$D_1 = 1.6d$（铸钢） $B = (1.2 \sim 1.5)d \geqslant b$；$Cn = 0.5m_n$ $\delta_0 = (2.5 \sim 4)m_n$（但不小于8 ~ 10mm） $D_2 = 0.5(D_0 + D_1)$ $d_1 = 0.25(D_0 - D_1)$ $c = 0.2b$，但不小于10mm $r \approx 0.5c$
5	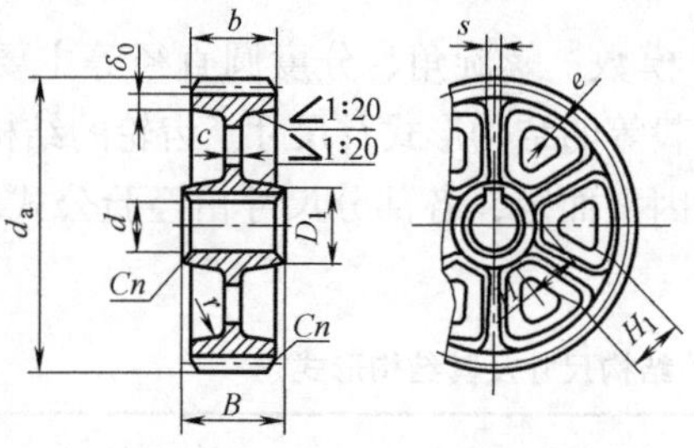	铸造齿轮 $d_a = 400 \sim 1000$mm，$b \leqslant 1.8d_1$ $D_1 = 1.8d$（铸铁），$D_1 = 1.6d$（铸钢） $B = (1.2 \sim 1.5)d \geqslant b$；$Cn = 0.5m_n$ $\delta_0 = (2.5 \sim 4)m_n$（但不小于8 ~ 10mm） $c = 0.2b$，但不小于10mm $s = 1/6b$，但不小于10mm $e = 0.8\delta_0$，$r \approx 0.5c$ $H = 0.8d$，$H_1 = 0.8H$

5.3.2 键的选择和校核

1. 平键的选择

首先根据键联接的工作要求和使用特点选择平键的类型，再按照轴径 d 从标准中选取键的剖面尺寸 $b \times h$。键的长度 L 一般按轮毂宽度选取，即键长等于或略短于轮毂宽度，并应符合标准值。

2. 平键联接的强度校核

键联接的主要失效形式是较弱工作面的压溃（静联接）或过度磨损（动联接），因此应按挤压应力或压强 p 进行计算，其校核公式为

$$\sigma_p = \frac{4T}{dhl} \leqslant [\sigma_p] \text{ 或 } p = \frac{4T}{dhl} \leqslant [p]$$

式中　　T——传递的转矩（N · mm）；

d——轴的直径（mm）；

h——键的高度（mm）；

l——键的工作长度（mm），（A 型键 $l = L - b$；B 型键 $l = L$；C 型键 $l = L - b/2$）；

$[\sigma_p]$（或$[p]$）——键联接的许用挤压应力，计算时应取联接中较弱材料的值，如表 5-3 所示。

如果单键强度不够，可适当增加轮毂宽和键长，或用间隔 180°的两个键。考虑到载荷分布的不均匀性，双键联接的强度可按 1.5 个键计算。

表 5-3　键联接材料的许用应力 $[\sigma_p]$（或 $[p]$）　（单位：MPa）

许用应力（压强）	联接性质	键或轴、轮毂材料	载荷性质		
			静载荷	轻微冲击	冲击
$[\sigma_p]$	静联接	钢	120 ~ 150	100 ~ 120	60 ~ 90
		铸铁	70 ~ 80	50 ~ 60	30 ~ 45
$[p]$	动联接	钢	50	40	30

5.3.3　滚动轴承组合的设计

1. 轴承套圈的轴向固定

轴承内、外套圈轴向固定的作用是当受到轴向力后，使轴和套圈具有所要求的轴向约束。轴承内圈的轴向固定见图 5-9，分别为图 5-9a 轴肩，图 5-9b 轴肩和弹性挡圈，图 5-9c 轴肩和轴端挡圈，图 5-9d 轴肩和螺母。外圈的轴向固定见图 5-10。

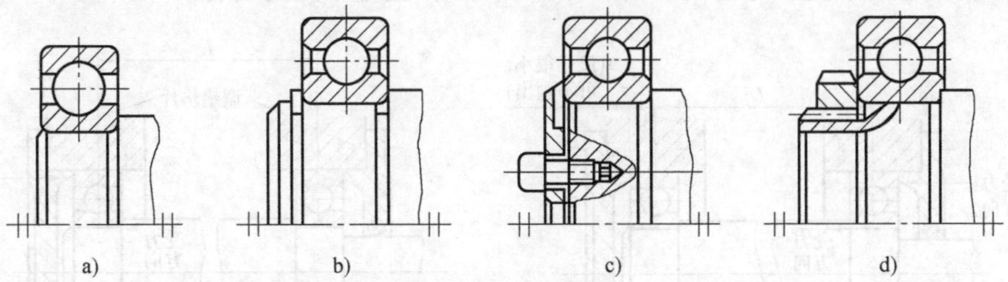

图 5-9　内圈的轴向固定

2. 轴承套圈的周向固定和配合

轴承套圈的周向固定靠外圈和轴承座孔（或回转零件）、内圈与轴颈之间的配合来保证。由于滚动轴承是标准件，所以内圈与轴的配合采用基孔制，外圈与座孔的配合采用基轴制。

当内圈旋转，外圈固定时，内圈与轴颈之间应采用较紧的配合，如 n6、m6、k6 等；外圈与轴承座孔之间应选较松的配合，如 J7、H7、G7 等。因轴承内径公差带在零线下方，故内圈与轴的配合比圆柱公差中规定的基孔制同类配合要紧些。

3. 轴系的轴向固定

轴系在机器中必须有确定的位置，以保证工作时不发生轴向窜动；同时为补偿轴的热伸长，又允许在适当范围内有微小的自由伸缩。轴系的轴向固定方式主要有三种：

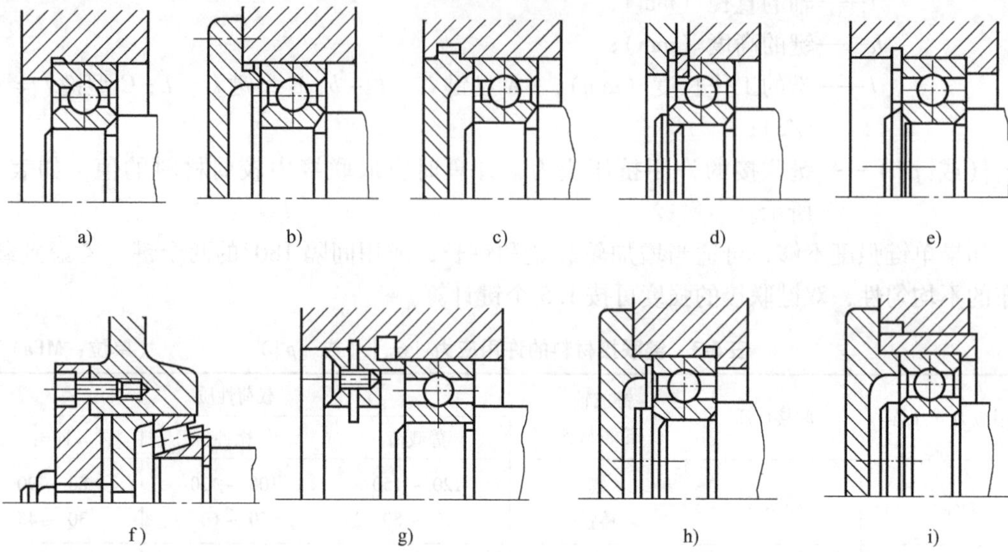

图 5-10 外圈的轴向固定

（1）两端单向固定如图 5-11 所示，在轴的两个支承点上，采用两个深沟球轴承，分别利用轴肩、轴承端盖固定轴承内圈、外圈。两个支承各限制轴系的一个方向的轴向移动，对整个轴系而言，两个方向都受到了定位。为补偿轴的热伸长，在一个轴承外圈和轴承盖之间，留有轴向补偿间隙 A，通常取 0.2 ~ 0.3mm。间隙量可用调整轴承盖与机座端面间的垫片厚度来控制。对于向心角接触球轴承，补偿间隙可留在轴承内部。这种形式结构简单，安装调整方便，适用于支承跨距较小（$L<300$mm）和温差不大的场合。

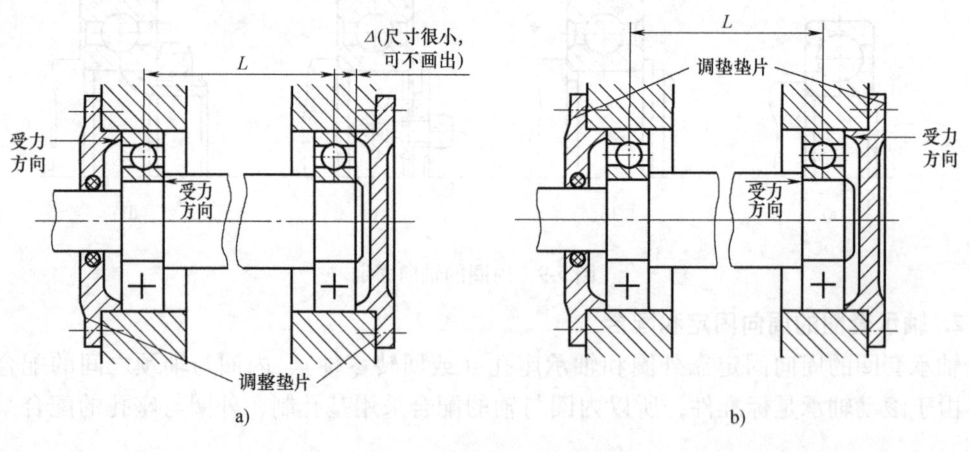

图 5-11 两端单向固定

（2）一端双向固定、一端游动 如图 5-12 所示，一个支点处的轴承内外圈双向固定，另一个支点处的轴承可以轴向游动，以适应轴的热伸长。图中游动端为深沟球轴承端，在轴承外圈与端盖间留适当间隙 $C(C = 2 \sim 3\text{mm})$。这种固定方式适用于跨距较大、温差较大的场合。

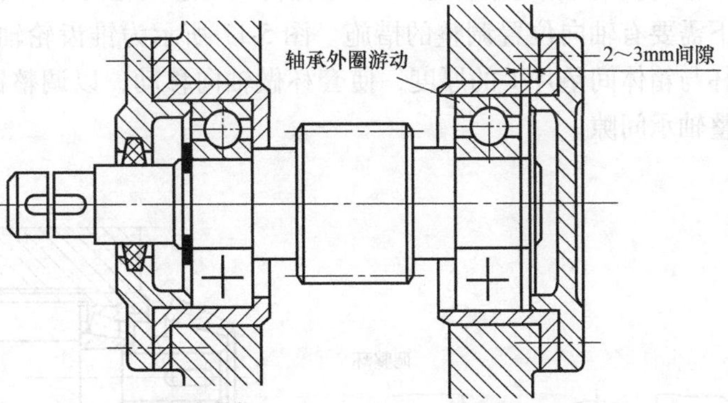

图 5-12 一端双向固定、一端游动

（3）两端游动式如图 5-13 所示的人字齿轮传动中，小齿轮轴两端的支承均可沿轴向游动，即两端游动，而大齿轮轴的支承结构采用了两端固定结构。由于人字齿轮的加工误差使得轴转动时产生左右窜动，而小齿轮轴采用两端游动的支承结构，满足了其运转中自由游动的需要，并可调节啮合位置。若小齿轮轴的轴向位置也固定，将会发生干涉以至卡死现象。

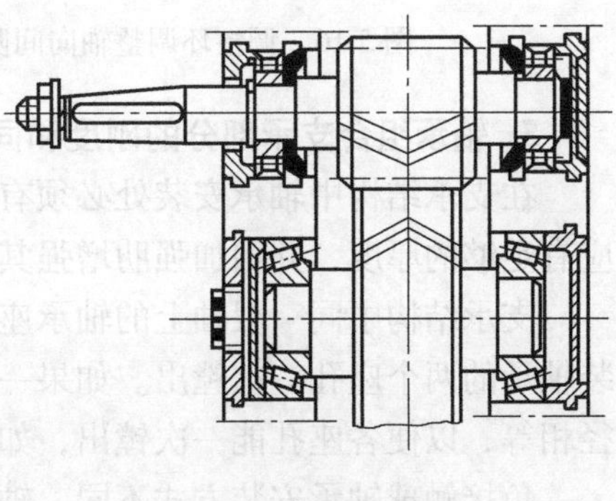

图 5-13 全游式支承

4. 轴系的结构调整

（1）轴承间隙的调整 为使轴正常工作，通常采用如下调整措施保证滚动轴承应有的轴向间隙。

1）调整垫片如图 5-14 所示，靠增减端盖与箱体结合面间垫片的厚度进行调整。

2）可调压盖如图 5-15 所示，利用端盖上的螺钉控制轴承外圈可调压盖的位置来实现调整，调整后用螺母锁紧防松。可调压盖适于各种不同的端盖形式。

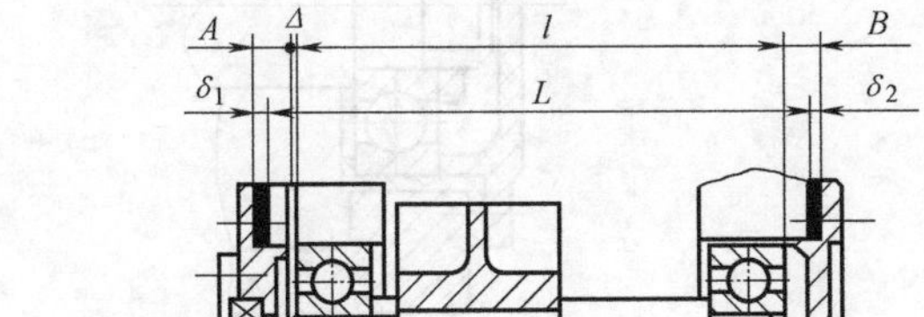

图 5-14 垫片调整轴承间隙

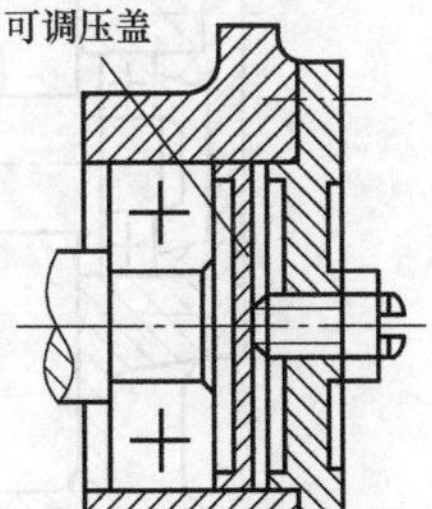

图 5-15 可调压盖调整轴承间隙

3）调整环如图 5-16 所示，在端盖与轴承间设置不同厚度的调整环来调整。这种调整方式适用于嵌入式端盖。

（2）轴组件位置的调整 某些场合要求轴上安装的零件必须有准确的轴向位置，例如，锥齿轮传动要求两锥齿轮的节锥顶点相重合；蜗杆传动要求蜗轮的中间平面要通过蜗杆的轴线等。这种情况下需要有轴向位置调整的措施。图 5-17 所示为锥齿轮轴组件位置的调整方式，通过改变套杯与箱体间垫片 1 的厚度，使套杯做轴向移动，以调整锥齿轮的轴向位置。垫片 2 则用来调整轴承间隙。

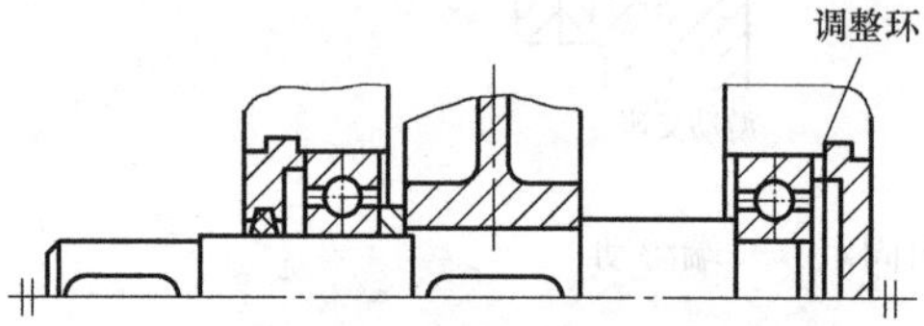

图 5-16　调整环调整轴向间隙

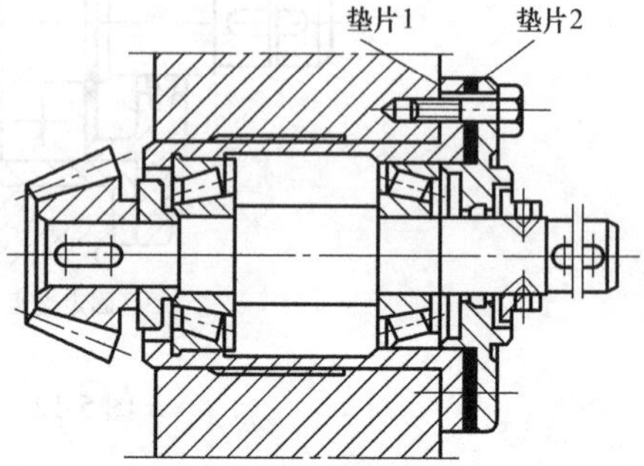

图 5-17　调整轴的位置和轴承内部间隙

5. 轴承组合支承部分的刚度和同轴度

在支承结构中轴承安装处必须有足够的刚度，才能使滚动体正常滚动。因此轴承座孔壁应有足够的厚度，并用加强肋增强其刚性，如图 5-18 所示。

支承结构中同一根轴上的轴承座孔应尽可能同轴。为此应采用整体结构的外壳，并将安装轴承的两个座孔一次镗出。如果一根轴上装有不同尺寸的轴承，则可利用衬套使轴承座孔径相等，以便各座孔能一次镗出，如图 5-19 所示。

角接触球轴承安装方式不同，轴承组合的刚性也不同，一般机器中常用正装方式，以方便安装和调节。

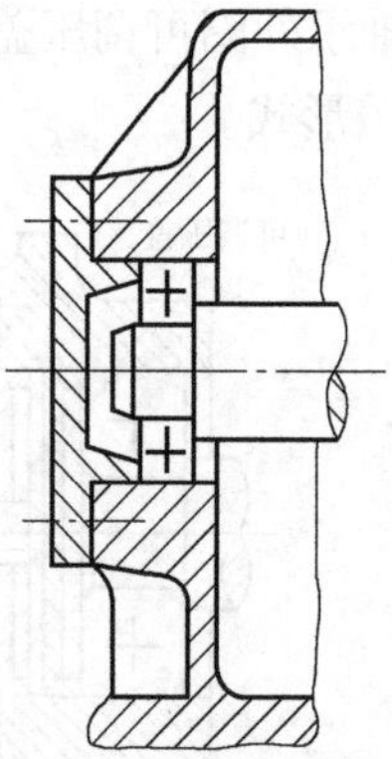

图 5-18　用加强肋增强轴承座孔的刚性

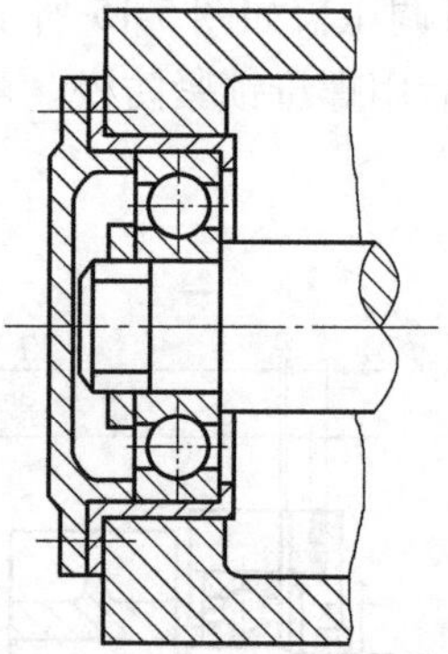

图 5-19　使用衬套的轴承座孔

6. 轴承的预紧

轴承预紧是在安装时采取某种措施，让滚动体和内、外圈之间产生一定量的预变形，使轴承中保持一定的轴向力，消除轴承内部间隙，提高轴承刚度，从而提高运转精度，减少振动和噪声。

预紧的方法很多，如前述移动轴承套圈以及在两轴承之间的内圈或外圈间加金属垫片、用弹簧压紧等，如图5-20所示。常用的预紧方法还有磨窄套圈并加预紧力（见图5-21a），在套圈间加垫片并加预紧力（见图5-21b），在两轴承间加入不等厚的套筒控制预紧力（见图5-21c），以及圆锥滚子轴承的轴向预紧（见图5-21d）等。

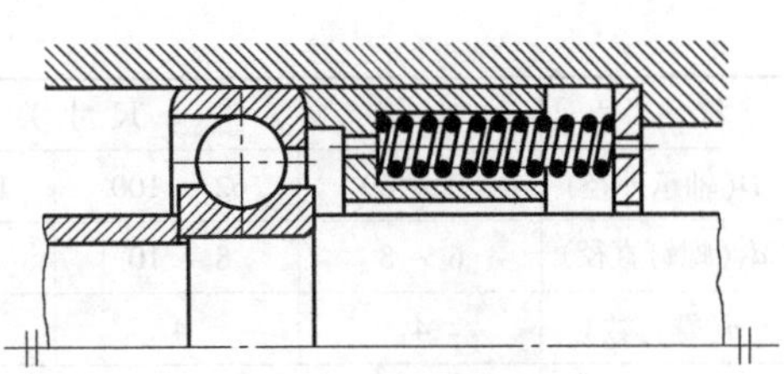

图5-20　定压预紧

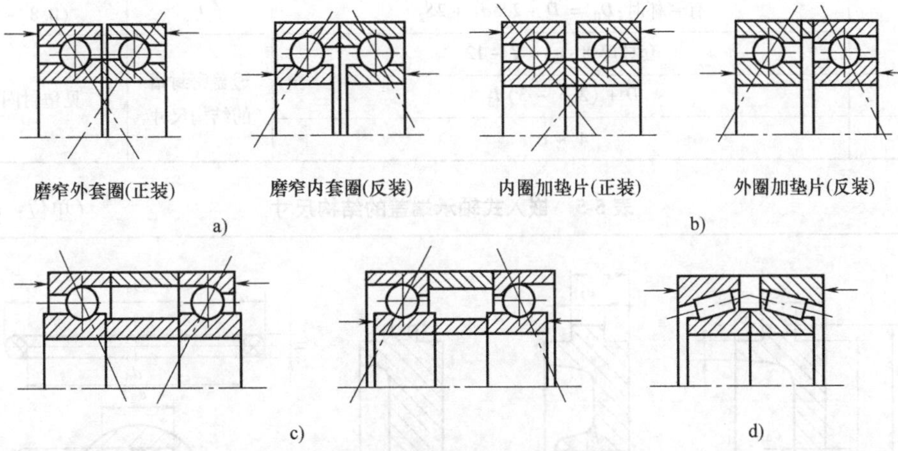

图5-21　滚动轴承的预紧

7. 轴承端盖的结构设计

轴承端盖主要用来固定轴承、承受轴向力，以及调整轴承间隙。轴承端盖有嵌入式（图5-22）和凸缘式（图5-23）两类，设计时其具体尺寸见表5-4、表5-5。

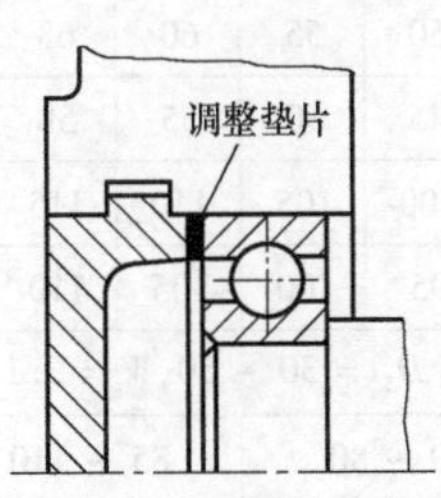

图5-22　嵌入式轴承端盖

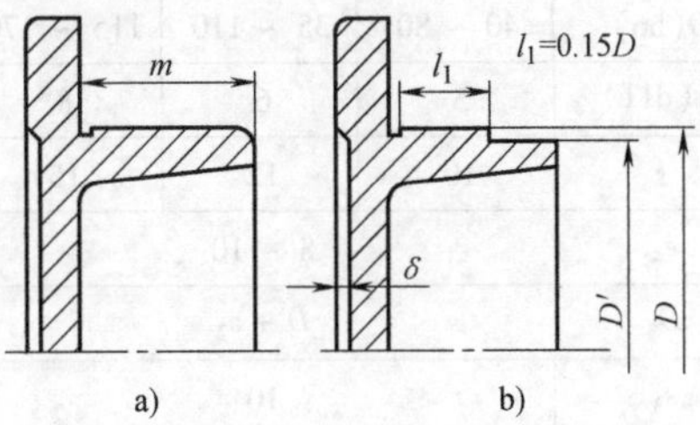

图5-23　凸缘式轴承端盖

表5-4　凸缘式轴承端盖的结构尺寸　（单位：mm）

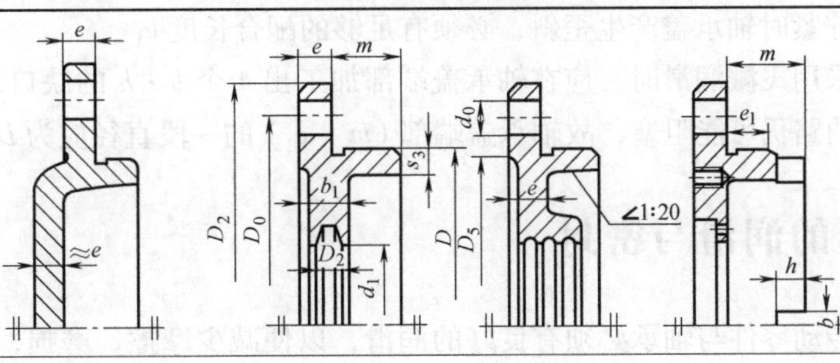

（续）

符号	尺寸关系				符号	尺寸关系
D(轴承外径)	30 ~ 60	62 ~ 100	110 ~ 130	140 ~ 230	D_5	$D_0-(2.5\sim3)d_3$
d_3(螺钉直径)	6 ~ 8	8 ~ 10	10 ~ 12	12 ~ 16	e	$1.2d_3$
n(螺钉数)	4	4	6	6	e_1	$(0.1\sim0.15)D(e_1\geqslant e)$
d_0	$d_3+(1\sim2)$				m	由结构确定
D_0	无套杯时:$D_0=D+2.5d_3$				b	8 ~ 10
	有套杯时:$D_0=D+2.5d_3+2S_2$				h	$(0.8\sim1)b$
	套杯厚度:$s_2=7-12$				透盖密封槽的结构尺寸	见毡封圈尺寸
D_2	$D+(2.5\sim3)d_3$					
s_3	4 ~ 6					

表 5-5　嵌入式轴承端盖的结构尺寸　（单位：mm）

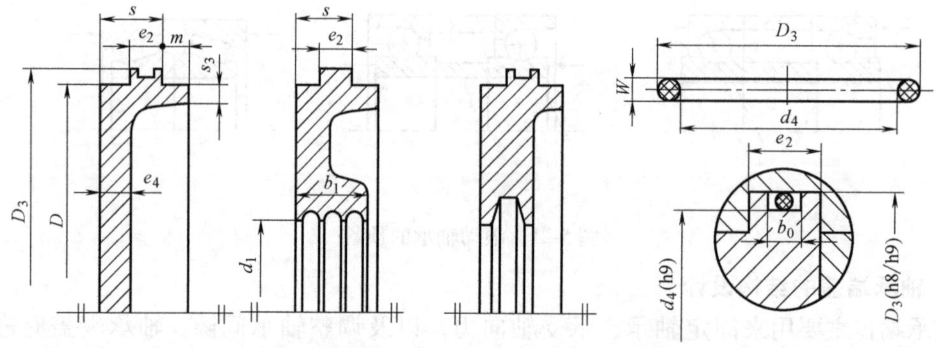

不带O形密封圈　　带O形密封圈

D(h6)	40 ~ 80	35 ~ 110	115 ~ 170	D_3	40	45	50	55	60	63	65	68	70
e_2(d11)	5	6	8	d_4	35	40	45	50	55	58	60	63	65
s	10	12	15	D_3	90	95	100	105	110	115	120	125	130
e_4	8 ~ 10			d_4	85	90	95	100	105	110	115	120	125
D_3	$D+e_2$			当 $D_3=30\sim50, W=3.1$									
s_3	10			D(h6)	40 ~ 80			85 ~ 110			115 ~ 170		
m	由轴承部件结构确定			e_2(d11)	8			10			20		

轴承盖设计的注意事项：

（1）为防止拧紧时轴承盖产生歪斜，必须有足够的配合长度 e_1。

（2）当轴承采用飞溅润滑时，应在轴承盖端部加工出 4 个 $b \cdot h$ 的缺口，又因缺口不一定能对准油沟，油路仍可能阻塞，故轴承盖端部（$m-e_1$）的一段直径应为 $D-(2\sim4)$mm。

5.4　减速器的润滑与密封

减速器中的传动零件与轴承必须有良好的润滑，以便减少摩擦、磨损，提高传动效率，同时还可以起到冷却、防锈、延长使用寿命等作用。为了防止减速器外部灰尘、水分及其他杂物进入，阻止减速器内润滑剂的流失，减速器应具有良好的密封性。

5.4.1　减速器的润滑

减速器的润滑方式很多，如油脂润滑、浸油润滑、压力润滑、飞溅润滑等。

1. 齿轮传动和蜗杆传动的润滑

除少数低速、小型减速器采用脂润滑外，绝大多数减速器的齿轮传动和蜗杆传动都采用油润滑。主要润滑方式如下：

（1）浸油润滑　当齿轮圆周速度 $v\leqslant 12$m/s、蜗杆圆周速度 $v\leqslant 10$m/s 时，通常采用浸油润滑，如图5-24a所示。大齿轮浸入油中的深度约为一个齿高，但不能小于10mm。在多级齿轮传动中，可以采用带油轮把润滑油带到没浸入油池的轮齿齿面上，如图5-24b所示，齿轮运转时就把润滑油带到啮合区，同时还将油甩到齿轮箱内壁散热降温。对蜗杆传动减速器，当蜗杆圆周速度 $v\leqslant 4\sim 5$m/s 时，建议采用下置式蜗杆传动，如图5-24c所示。

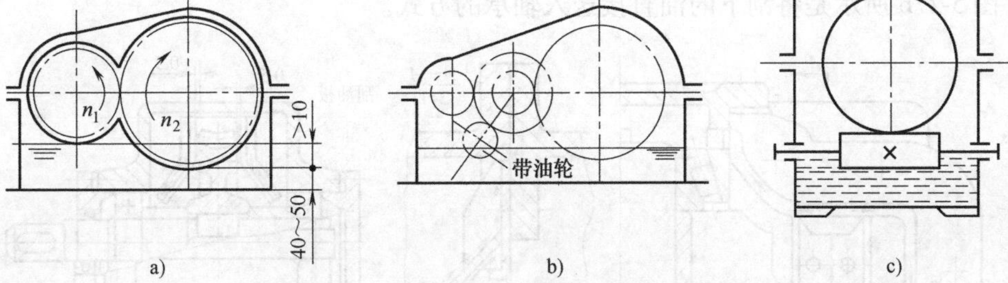

图5-24　浸油润滑

（2）压力喷油润滑　当齿轮圆周速度 $v>12$m/s 或蜗杆圆周速度 $v>10$m/s 时，齿轮搅油剧烈，会使油温升高、油起泡沫和氧化等降低润滑性能，且黏附在齿面上的润滑油由于离心力过大而被甩掉，送不到啮合区，所以不宜采用浸油润滑。这时通常采用压力喷油润滑，用油泵将润滑油通过管道和喷嘴直接喷到啮合区，同时起到散热的作用。采用压力喷油润滑时要注意喷油方向，正确的方向如图5-25所示。

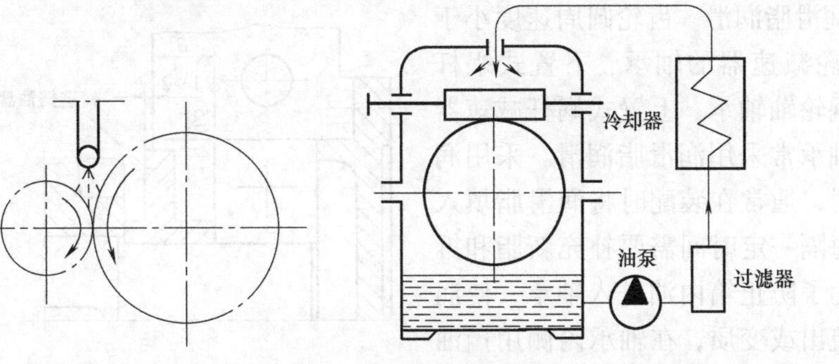

图5-25　压力喷油润滑

2. 滚动轴承的润滑

在滚动轴承中，常采用的润滑剂有润滑油和润滑脂两种。当滚动轴承的速度因数

$d \cdot n \leqslant 2 \times 10^5 \mathrm{mm} \cdot \mathrm{r/min}$ 时，一般采用润滑脂润滑；当滚动轴承的速度因数 $d \cdot n > 2 \times 10^5 \mathrm{mm} \cdot \mathrm{r/min}$时，可直接用减速器油池内的润滑油润滑。

（1）润滑油润滑

1）飞溅润滑　当浸油齿轮的圆周速度 $v > 2 \sim 3\mathrm{m/s}$ 时，轴承可采用飞溅润滑。飞溅的油一部分直接溅入轴承，另一部分先溅到箱壁上，然后再顺着箱盖的内壁流入箱座的油沟中，沿油沟经轴承端盖上的缺口进入轴承，如图 5-26 所示。当速度高时，可不设置油沟，直接靠飞溅的油润滑轴承。

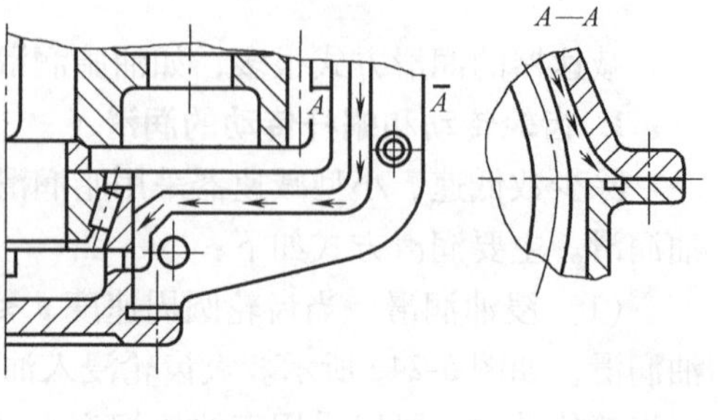

图 5-26　输油沟润滑

2）刮油润滑　下置式蜗杆的圆周速度即使大于 2m/s，由于蜗杆位置太低，且与蜗轮轴在空间成垂直方向布置，飞溅的油难以进入蜗轮的轴承室。此时轴承可采用刮油润滑，如图 5-27a 所示。当蜗轮转动时，利用装在箱体内的刮油板，将轮缘侧面上的油刮下，油沿输油沟流向轴承。图 5-27b 所示是将刮下的油直接送入轴承的方式。

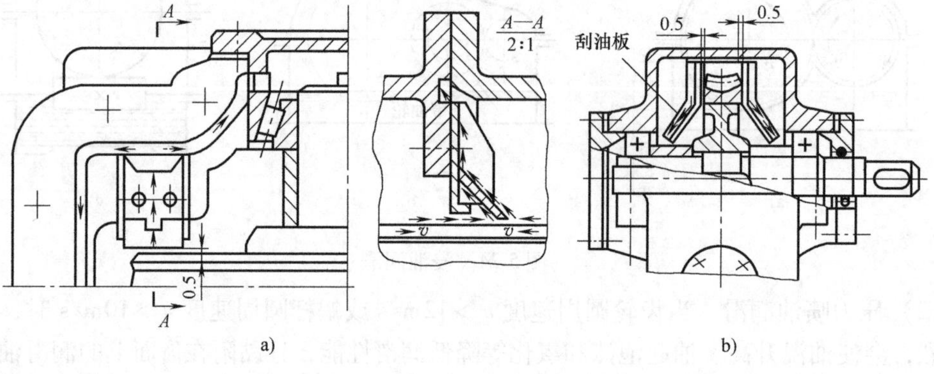

图 5-27　刮油润滑

3）浸油润滑　下置式蜗杆的轴承常浸在油池中润滑，此时油面不应高于轴承最下面滚动体的中心，以免搅油损失太大。

（2）润滑脂润滑　齿轮圆周速度小于 2m/s 的齿轮减速器的轴承、下置式蜗杆减速器的蜗轮轴轴承、上置式蜗杆减速器的蜗杆轴轴承常采用润滑脂润滑。采用润滑脂润滑时，通常在装配时将润滑脂填入轴承室，每隔一定时间需要补充新脂和拆开清洗。为了防止箱内油进入轴承，使润滑脂稀释流出或变质，在轴承内侧用挡油盘封油，如图 5-28 所示。润滑脂只用于轴颈转速低、温度不高的场合。

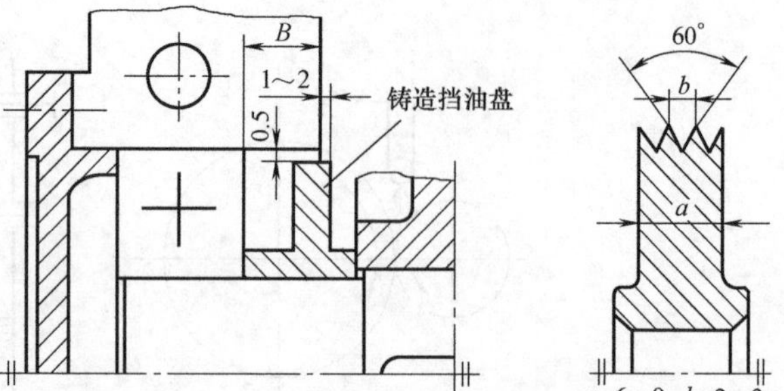

图 5-28　挡油盘安装位置

5.4.2　减速器的密封

为了阻止润滑剂流失和防止外界灰尘、水分及其他杂物渗入，减速器中应该设置密封装置。在减速器中，需要密封的部位除了轴承部件外，一般还有箱体接合面和检视孔或放油孔接合面等处。

1. 轴承的密封

在减速器输入轴或输出轴外伸处，为了防止润滑剂向外泄漏及外界灰尘、水分和其他杂质渗入而导致轴承磨损或腐蚀，应该设置密封装置。常用密封形式很多，密封效果各不相同，不同的密封形式还会影响到该轴的长度尺寸。

（1）毛毡圈密封　利用毛毡密封元件实现轴承与外界隔离（图5-29），便于定期更换毡圈及调整径向密封力，以保持密封性及延长使用寿命。毡圈密封结构简单、价廉、安装方便，但对轴颈接触面的摩擦较严重，毡圈寿命短。主要用于脂润滑、接触处线速度小于5m/s、工作温度低于100℃的场合。

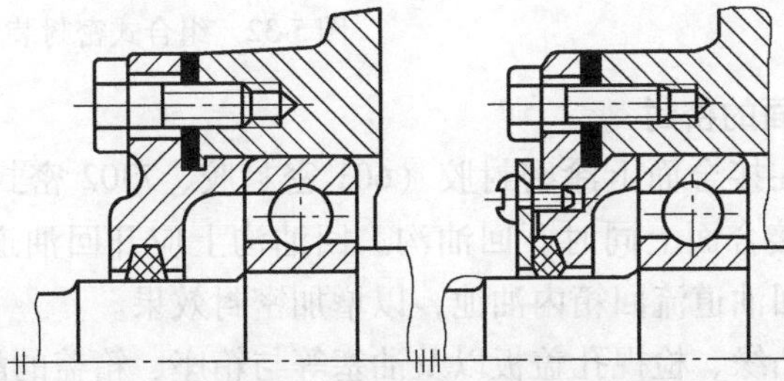

图5-29　毛毡圈密封装置

（2）O形橡胶圈密封　利用箱体上沟槽使O形橡胶圈受到压缩而实现密封，在介质作用下产生自紧作用而增强密封效果。O形橡胶圈有双向密封的能力，密封结构简单。

（3）唇形密封圈密封　利用耐油橡胶圈唇形结构部分的弹性和螺旋弹簧圈的扣紧力，使唇形部分紧贴轴表面而实现密封。图5-30a所示为唇部背着轴承，其主要作用是防止外界灰尘和水进入轴承与箱体内；图5-30b所示采用双向密封形式，即两个密封圈相对安装，同时具备防漏和防尘能力。唇形密封圈密封效果比毡圈密封好，工作可靠。

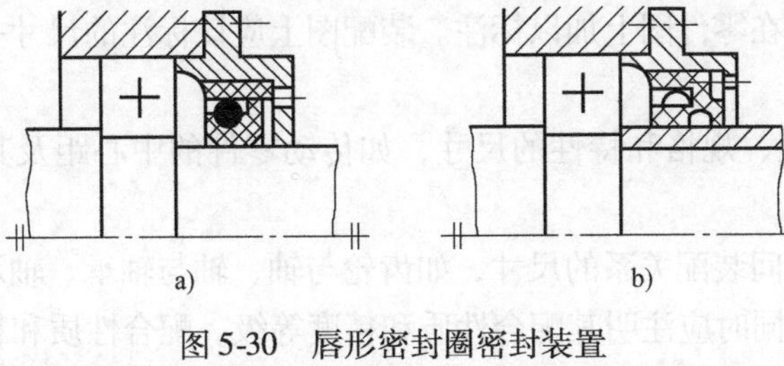

图5-30　唇形密封圈密封装置

（4）间隙密封　间隙密封是非接触式密封，在工作过程中不与运动件接触，避免了轴颈与密封件间的摩擦、磨损和发热，适用于高速工作环境。

间隙密封是通过在运动构件与固定件之间设计较长的环状间隙（约0.1～0.3mm）和不少于3个的环状沟槽，并填满润滑剂来达到密封的目的。这种方式适用于脂润滑和低速油润滑，且工作环境清洁的轴承。

（5）迷宫式密封　根据迷宫曲路的伸展方向，迷宫的布置可以是径向的或轴向的。迷宫式密封可用于油润滑和脂润滑的轴承中，防尘防漏油效果较好，密封可靠，无摩擦损失，基本上不受转速的限制。但是结构复杂，制造安装不便，如图5-31所示。

（6）组合式密封　根据轴承工作条件和密封要求，利用上述密封方式的特点，结合几种密封方式称为组合式密封装置。图5-32a所示为沟槽-迷宫组合密封装置；图5-32b所示为迷宫-唇形密封圈组合密封装置。组合式密封可使密封更为有效和可靠，常用于密封要求高的场合。

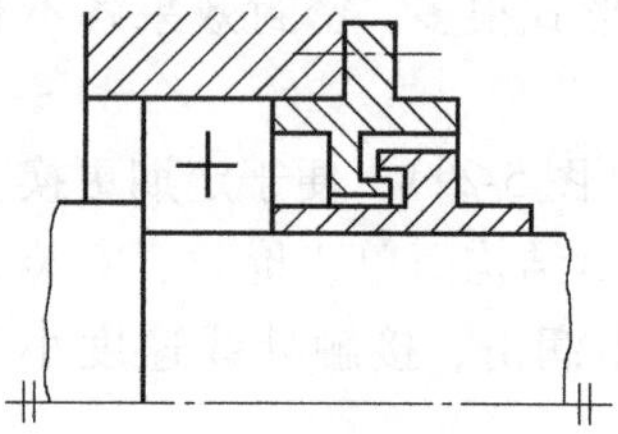

图5-31　迷宫式密封

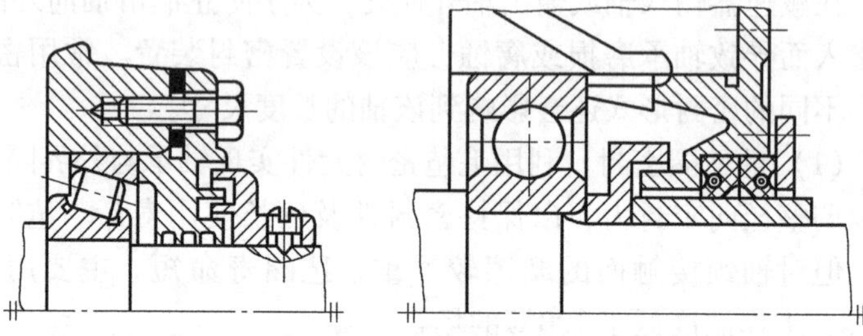

图5-32　组合式密封装置

2. 箱盖与箱座接合面的密封

常用的密封方法是在接合面上涂密封胶（601密封胶、7302密封胶及液体尼龙密封胶等）或水玻璃，也可在接合面上同时开回油沟。回油沟上应开回油道，让渗入接合面缝隙中的油可通过回油沟及回油道流回箱内油池，以增加密封效果。

凸缘式轴承端盖的凸缘、检视孔盖板以及油塞等与箱座、箱盖的配合处，均需装纸封油环或皮封油环，以保证密封效果。

5.5　减速器装配图尺寸标注和技术特征

5.5.1　减速器装配图尺寸标注

由于装配图是安装减速器时所依据的图样，因此在装配图上应标注相关零件的定位尺寸、减速器的外廓尺寸、零件间的配合关系及配合尺寸等。至于各零件的结构形状尺寸及公差，则不标在装配图上，而应在零件图上加以标注。装配图上应该标注的尺寸一般有以下几项：

1. 特性尺寸

表明减速器的性能、规格和特性的尺寸，如传动零件的中心距及其极限偏差等。

2. 配合尺寸

表明各配合零件之间装配关系的尺寸，如齿轮与轴、轴与轴承、轴承与轴承座孔等的配合尺寸。注出这些尺寸的同时应注明其配合性质和精度等级。配合性质和精度等级的选择对于减速器的工作性能、加工工艺及制造成本均有很大影响，一般应该参考有关文献认真选定。

3. 安装尺寸

减速器本身需要安装在基础上或机械设备的某部位上，同时减速器还要与电动机或其他传动部分相联接，这就需要标注一些安装尺寸，如箱体底面的尺寸、地脚螺栓孔的直径和中心距、地脚螺栓孔的定位尺寸、主动轴与从动轴外伸端直径及配合长度、伸出端的中心高、伸出轴端面距箱体某基准面的外伸长度等。

4. 外形尺寸

表明减速器占有的空间尺寸，如减速器的总长、总宽及总高的尺寸。这些尺寸主要供包装运输和布置安装场所参考。

标注尺寸时，尺寸线的布置应力求整齐、清晰，并尽可能集中标注在反映主要结构关系的视图上。多数尺寸应注在视图图形的外边，数字要书写得工整清楚。

5.5.2　减速器技术特征

在装配图的适当位置用表列出减速器的技术特性，内容包括输入功率和转速，传动效率，总传动比和各级传动比以及传动参数（齿轮传动有 m_n、z_1、z_2、α 等），可参见表5-6。

表5-6　圆柱齿轮减速器的技术特征

输入功率 /kW	输入轴转速 /（r/min）	总传动比 i	效率 η	传动特性			
				α	m_n	齿数	精度等级
						z_1 =	
						z_2 =	

5.6　编写技术要求、零件序号、标题栏及明细表

5.6.1　编写技术要求

在装配图上无法反映的装配、调整、检验及维修等方面的内容和要求，可作为技术要求表达在图样上。技术要求的内容如下。

1. 装配过程中的技术要求

（1）所有零件均应清除铁屑并用煤油与汽油等清洗干净，洗净后应在零件表面涂润滑油。

（2）箱体内表面和齿轮等未被加工的表面涂底漆和红色耐油漆；箱体外表面按主机配套要求涂色。

（3）箱体结合面涂密封胶或水玻璃。

（4）在拧紧箱体螺栓前，应用0.05mm塞尺检查箱盖与箱座结合面之间的密封性。

（5）轴外伸处的密封应加润滑脂，各密封装置严格按要求安装。

2. 润滑要求

标明润滑剂牌号、用量、补充和更换时间。

3. 检查调整要求

轴承的检查调整要求包括：轴承的轴向游隙或间隙调整要求；齿轮啮合传动对接触斑点和侧隙的明确要求、试验要求及包装和运输要求等。

5.6.2　编写零件序号、标题栏及明细栏

1. 编写零件序号

装配图上所有零件都应标出序号，但相同零件只能有一个序号，序号引线不能相交，并

尽量不与剖面线平行。对于装配关系清楚的零件组（如螺栓、螺母、垫片），可利用公共引线，序号应按顺时针或逆时针方向依次排列。

零件编号要完整，且不能重复。图上相同零件只能有一个零件编号。独立组件（如滚动轴承、通气器）可作为一个零件编号。编号的数字应比图中所注尺寸的数字大一号，如图5-33所示。

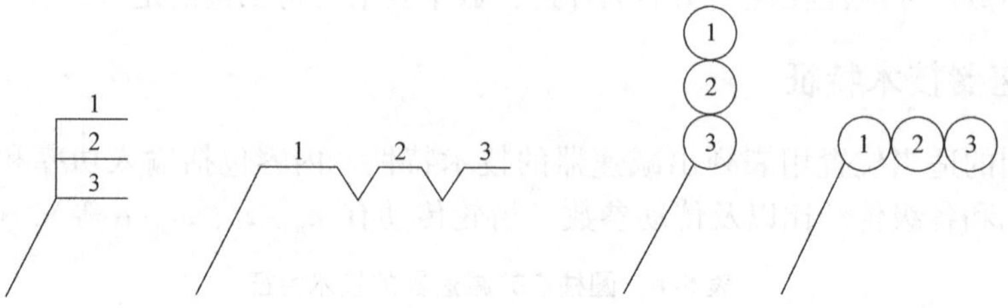

图5-33　公共引线编号方法

2. 编制明细栏和标题栏

明细栏是整个减速器所有零件的详细目录，对每一个编号的零件都应在明细栏内列出。编制明细栏的过程也是最后确定材料和标准件的过程，因此，填写时应考虑节省贵重材料，减少材料和标准件的品种和规格。对于标准件，则必须按照规定标记完整地写出零件名称、材料、规格及标准代号。材料应注明牌号。对箱内传动件还应在表内注明模数 m、齿数 z、螺旋角 β 等主要参数。明细栏的参考格式如图5-34所示，标题栏的参考格式如图5-35所示。

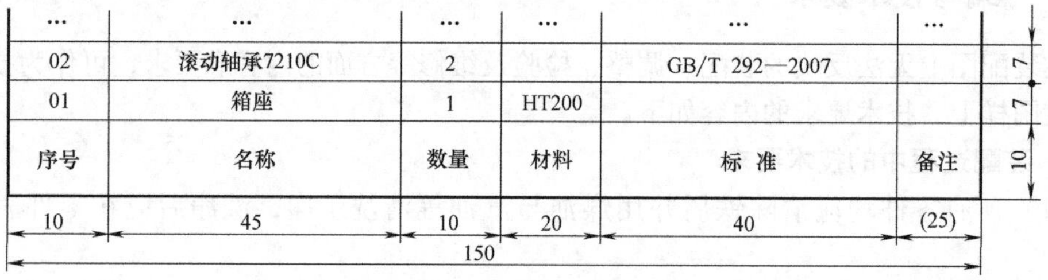

图5-34　明细栏的参考格式

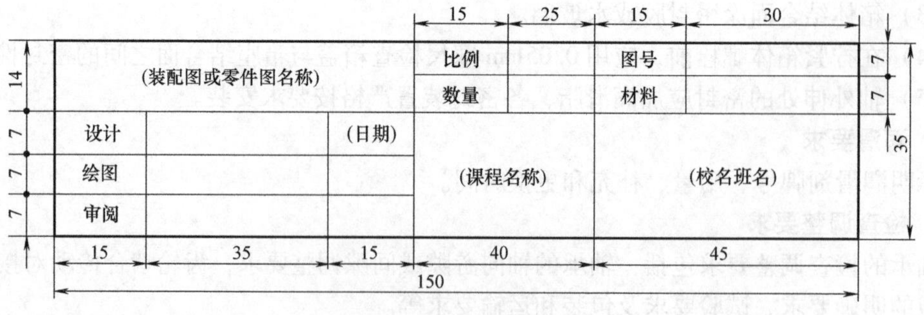

图5-35　标题栏的参考格式

装配图画好后，应按以上各项内容逐项检查、核对；确定无误后先画零件图，再修改装配图；确定无误后对图线加深，如图5-36所示。

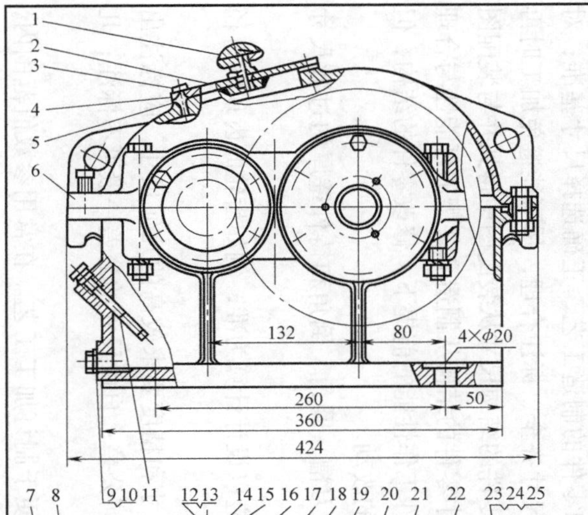

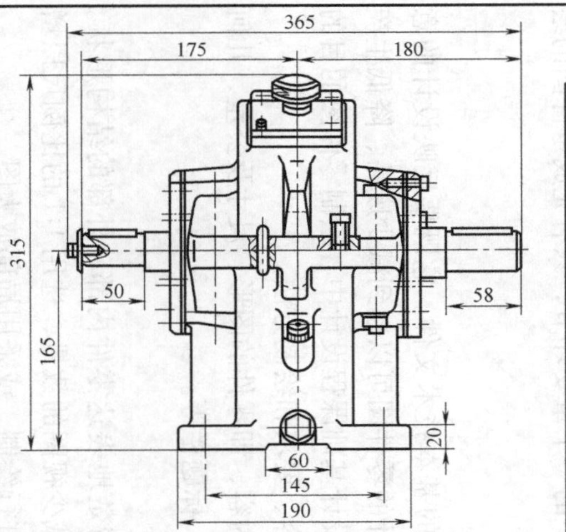

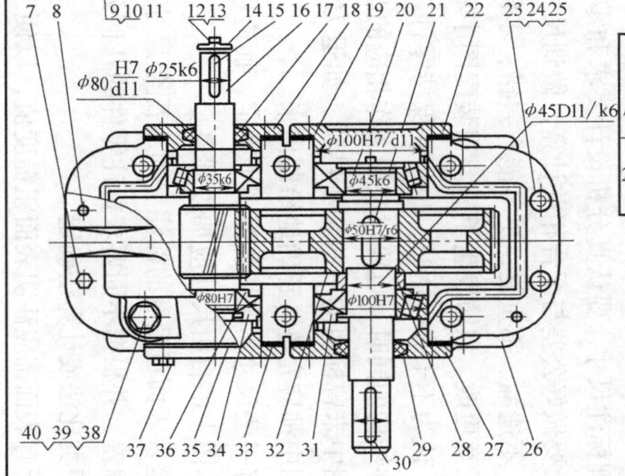

技术特性

输入功率/kW	输入轴转速/(r/min)	总传动比 i	效率 η	传动特性			
				α	m_n	齿数	精度等级
2.169	480	4.0	0.95	9°59′12″	2	$z_1=26$	8FH GB/T 10095—2008
						$z_2=104$	8GJ GB/T 10095—2008

技术要求

1. 装配前，按图样检查零件配合尺寸，合格零件才能装配，所有零件装配前用煤油清洗，轴承用汽油清洗，箱体内不许有任何杂物存在，箱体内壁涂耐油油漆；
2. 减速器剖分面、各接触面及密封处允许漏油、渗油，箱体剖分面允许涂密封油漆或水玻璃，不允许使用其他任何填料；
3. 调整、固定轴承时应留有轴向间隙 0.05～0.10mm；
4. 齿轮装配后应用涂色法检查接触斑点，沿齿高不小于30%，沿齿长不小于50%；
5. 减速器内装N90工业齿轮油，油量达到规定的深度；
6. 减速器外表面涂灰色油漆；
7. 按试验规程进行试验。

序号	名称	数量	材料	标准	备注
40	螺母 M12	6	8级	GB/T 6170—2000	
39	垫圈 12	6	65Mn	GB/T 93—1987	
38	螺栓 M12×120	6	8.8级	GB/T 5782—2000	
37	螺栓 M8×20	24	8.8级	GB/T 5783—2000	
36	挡油盘	2	Q235		
35	调整垫片	2	08F		成组
34	滚动轴承30307E	2		GB/T 297—1994	外购
33	闷盖	1	HT200		
32	齿轮	1	45		
31	滚动轴承30309E	2		GB/T 297—1994	外购
30	键 10×50	1	45	GB/T 1096—2003	
29	轴封 PD40×60×12	1		HG4-692-1996	外购
28	轴套	1	Q235		
27	透盖	1	HT200		
26	箱座	1	HT200		
25	螺栓 M10×40	2	8.8级	GB/T 5782—2000	
24	垫圈 M10	2	8级	GB/T 6170—2000	
23	垫圈 10	2	Mn	GB/T 93—1987	
22	调整垫片	2	08F		成组
21	键 14×45	1	45	GB/T 1096—2003	
20	轴	1	45		
19	闷盖	1	HT200		
18	遮盖	1	HT200		
17	轴封 PD32×52×12	1		HG4-692-1996	外购
16	齿轮轴	1	45		
15	键 8×40	1	45	GB/T 1096—2003	
14	挡圈 B35	1	Q235	GB/T 892—1986	
13	垫圈 6	1	65Mn	GB/T 93—1987	
12	螺栓 M6×6	1	8.8级	GB/T 5783—2000	
11	油尺	1	Q235		
10	垫片	1	石棉橡胶板		
9	螺塞 M20×1.5	1	Q235		
8	销 8×35	2	35	GB/T 117—2000	
7	启箱螺钉 M10×25	1	14H级	GB/T 85—1988	
6	箱盖	1	HT200		
5	垫片	1	软钢纸板		
4	视孔盖	1	Q235		
3	螺栓 M6×20	4	8.8级	GB/T 5783—2000	
2	垫板	1	Q235		
1	通气器 M18×1.5	1			组合件

单级圆柱齿轮减速器		图号	
		材料	
设计	年 月	机械设计课程设计	（学校、专业、班级）
审核	年 月		

图5-36　一级圆柱齿轮减速器装配图

第 6 章　零件工作图的绘制与零件的设计

6.1　零件工作图的绘制

1. 零件工作图的意义

机器或部件中每个零件的结构尺寸和加工等方面的要求，在装配图中没有完全反映出来。因此，要把装配图中的各个零件制造出来（除标准件外），还必须绘制出每一个零件的零件图。合理设计和正确绘制零件图也是设计过程中的一个重要环节，只有完成零件图的绘制，制造产品所需的设计图样才算齐备。

2. 零件工作图的内容

零件工作图是零件制造、检验和制订工艺规程的基本技术文件。它既要反映设计的意图，又要考虑制造的可能性和合理性。一张正确设计的零件图可以起到减少废品、降低生产成本、提高生产率和机械使用性能的作用，在机械设计基础课程设计中，绘制零件图的目的主要是锻炼学生的设计能力及掌握零件工作图的内容、要求和绘制方法。

零件工作图应包括制造和检验零件所需的全部内容，即零件的图形、尺寸及公差、几何公差、表面粗糙度、材料、热处理及其他技术要求、标题栏等。

3. 零件工作图的绘制要求

（1）视图及比例尺的选择　视图的选择应能清楚地表达零件内部、外部的结构形状。零件工作图的结构与尺寸应与装配图一致，应尽量减少视图的数量，选用 1:1 的比例尺以增加真实感。如果零件较小，还应选用放大的比例尺进行绘制，或采用局部放大图。

（2）合理标注尺寸　要认真分析设计要求和零件的制造工艺，正确选择尺寸基准；对于配合尺寸，要做好公差与配合相关计算，做到尺寸齐全、标注合理，尽可能避免加工时再作任何计算；不遗漏、不重复，更不能有差错；零件的结构尺寸从装配图中得到并与装配图一致，不得任意更改，以防发生矛盾。当装配图中零件的结构从制造和装配的可能性与合理性角度考虑，认为不十分合适时，也可在保持零件工作性能的前提下，修改零件的结构，但是在修改零件结构的同时，也要对装配图作相应的改动。

对装配图中未曾标明的一些细小结构，如退刀槽、圆角、倒角和铸件壁厚的过渡尺寸等，在零件图中都应完整、正确地绘制出来。

另外，有一些尺寸不应从装配图上推定，而应以设计计算为准，例如齿轮的齿顶圆直径等。零件工作图上的自由尺寸应加以圆整。

（3）公差及表面粗糙度的标注　对于配合尺寸和精度要求较高的几何尺寸，应标注出尺寸的极限偏差，并根据不同要求标注零件的几何公差；自由尺寸的公差一般可不标注；几何公差值可用类比法或计算法确定。

零件的所有表面都应注明表面粗糙度值，以便于制订加工工艺。在常用参数值范围内，应优先选用 Ra 参数。在保证正常工作的条件下应尽量选用数值较大者，以便于加工。

（4）齿轮类零件的啮合参数表 对于齿轮、蜗杆和蜗轮类零件，由于其参数及误差检验项目等较多，应在图样右上角列一啮合参数表，标注主要参数、精度等级及误差检验项目等。

（5）技术要求 对于不便在图形上表明而又是制造中应明确的内容，可在技术要求中说明。技术要求一般包括：

1）对材料的力学性能和化学成分的要求。

2）对铸锻件及其他毛坯件的要求，如时效处理、去毛刺等要求。

3）对零件的热处理方法及热处理后硬度的要求。

4）对加工的要求，如配钻、配铰等。

5）对未注圆角、倒角的要求。

6）其他特殊要求，如对大型或高速齿轮的平衡试验要求等。

（6）标题栏 标题栏应注明图号、零件的名称、材料及件数、绘图比例尺等内容。零件图标题栏示例如图6-1所示。

(零件名称)			图号		比例	第 张
			材料		数量	共 张
设计	(签名)	(日期)	(课程名称)		(校名、班号)	
绘图						
审阅						

图6-1 零件图标题栏示例

6.2 零件的设计

零件的设计应该服从于整机设计要求。一个零件用一张图表达，其表达的结构和尺寸应该和装配图一致。如果要改结构和尺寸，首先应该修改装配图上该零件的结构和尺寸，并在装配图上检查修改后的零件是否满足机器的总体设计要求。

减速器中的零件有很多，一些标准件直接查表，不用绘制，主要设计的是轴类零件、齿轮类零件、带轮类零件、链轮类零件和箱体类零件。

6.2.1 轴的设计

1. 视图

一般只需一个视图，在有键槽和孔的地方，可增加必要的剖面图。对于不易表达清楚的部位，如中心孔、退刀槽等，必要时应绘制局部放大图。

2. 尺寸标注

标注径向尺寸时应注意，凡有配合处的直径都应标注尺寸的偏差值。

标注轴向尺寸时需要考虑基准面和尺寸链的问题，选定尺寸标注的基准面时，应尽量使尺寸的标注反映加工工艺的要求，轴向尺寸不允许出现封闭的尺寸链。

图 6-2 所示为轴的轴向尺寸标注示例，2、3 为主要基准面，1、4 为辅助基准面，这是因为轴段 $22_{-0.14}^{\ 0}$ 和 $12_{-0.12}^{\ 0}$ 的精度较高，其尺寸应从轴环的两侧标出，这种标注方法反映出零件在车床上的加工顺序。

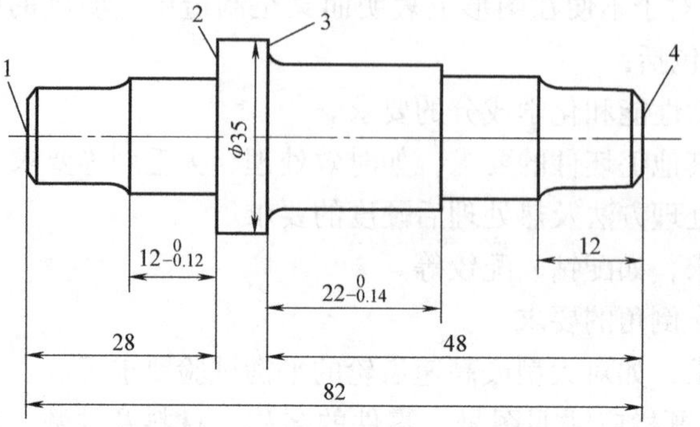

图 6-2 轴的轴向尺寸标注示例

3. 表面粗糙度

选择与轴承相配合表面及轴肩端面的表面粗糙度，可查表 6-1。轴的所有表面都要加工，其表面粗糙度值可按表 6-2 选择或查设计手册。

表 6-1 配合面的表面粗糙度值

轴或轴承座直径/mm		轴或外壳孔配合表面直径公差等级								
		IT7			IT6			IT5		
		表面粗糙度值/μm								
超过	到	*Rz*	*Ra*		*Rz*	*Ra*		*Rz*	*Ra*	
			磨	车		磨	车		磨	车
80	80	10	1.6	3.2	6.3	0.8	1.6	4	0.4	0.8
	500	16	1.6	3.2	10	1.6	3.2	6.3	0.8	1.6
端　面		25	3.2	6.3	25	3.2	6.3	10	1.6	3.2

注：与/P0、/P6（/P6x）级公差轴承配合的轴，其公差等级一般为 IT6，外壳孔一般为 IT7。

表 6-2 轴加工表面粗糙度值 *Ra* 的推荐值　　（单位：μm）

<table>
<tr><td>与传动零件、联轴器配合的表面</td><td colspan="4">3.2～0.8</td></tr>
<tr><td>传动件与联轴器的定位端面</td><td colspan="4">6.3～1.6</td></tr>
<tr><td>与普通精度滚动轴承的配合表面</td><td colspan="3">0.8（轴承内径≤80mm）</td><td>1.6（轴承内径>80mm）</td></tr>
<tr><td>普通精度滚动轴承定位的表面</td><td colspan="3">2.0（轴承内径≤80mm）</td><td>2.5（轴承内径>80mm）</td></tr>
<tr><td>平键键槽</td><td colspan="3">3.2（键槽侧面）</td><td>6.3（键槽底面）</td></tr>
<tr><td rowspan="4">密封处表面</td><td colspan="2">毡圈</td><td>橡胶圈</td><td rowspan="2">油沟、迷宫式</td></tr>
<tr><td colspan="3">密封处圆周速度/(m/s)</td></tr>
<tr><td>≤3</td><td>>3～5</td><td>>5～10</td><td rowspan="2">3.2～1.6</td></tr>
<tr><td>1.6～0.8</td><td>0.8～0.4</td><td>0.4～0.2</td></tr>
<tr><td>其他表面</td><td colspan="3">6.3～3.2（工作面）</td><td>12.5～6.3（非工作面）</td></tr>
</table>

4. 几何公差

在轴的零件工作图上应标注必要的几何公差，以保证减速器的装配质量及工作性能。表 6-3 列出了轴上应标注的几何公差项目，供参考。轴的几何公差标注方法及公差值可参考设计手册，标注示例如图 6-3 所示。

表 6-3　轴的几何公差推荐项目

内　容	项　目	公差等级	对工作性能影响
形状公差	与传动零件相配合直径的圆度	7 ~ 8	影响传动零件与轴配合的松紧及对中性
	与传动零件相配合直径的圆柱度		
	与轴承相配合直径的圆柱度	6 ~ 7	影响轴承与轴配合松紧及对中性
位置公差	齿轮定位端面相对轴心线的端面圆跳动	6 ~ 8	影响齿轮和轴承的定位及其受载均匀性
	轴承定位端面相对轴心线的端面圆跳动	6 ~ 7	
	与传动零件配合的直径相对于轴心线的径向圆跳动	6 ~ 8	影响传动件的运转同心度
	与轴承相配合的直径相对于轴心线的径向圆跳动	5 ~ 6	影响轴和轴承的运转同心度
	键槽侧面对轴中心线的对称度（要求不高时不注）	7 ~ 9	影响键受载的均匀性及装拆的难易

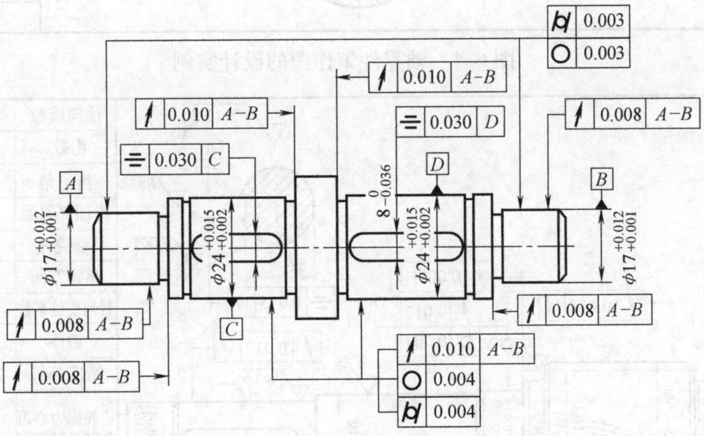

图 6-3　轴的几何公差标注示例

注：ϕ17 为与轴承配合直径，ϕ24 为与齿轮配合直径

5. 技术要求

轴类零件工作图的技术要求通常包括：

（1）对材料的机械性能和化学成分的要求，允许的代用材料等。

（2）对材料的表面机械性能的要求，如热处理方法、热处理后的硬度、渗碳层深度及淬火硬化层深度等。

（3）对加工的要求。例如，是否要保留中心孔，若要保留中心孔，应在零件图上画出中心孔或按国标加以说明；是否与其他零件一起配合加工，如配钻或配铰等，若有要求也应加以说明。

（4）对于未注明圆角、倒角的说明，以及对较长的轴要求进行毛坯校直等的说明。

轴和齿轮轴零件工作图的设计实例可参考实例图6-4、图6-5。

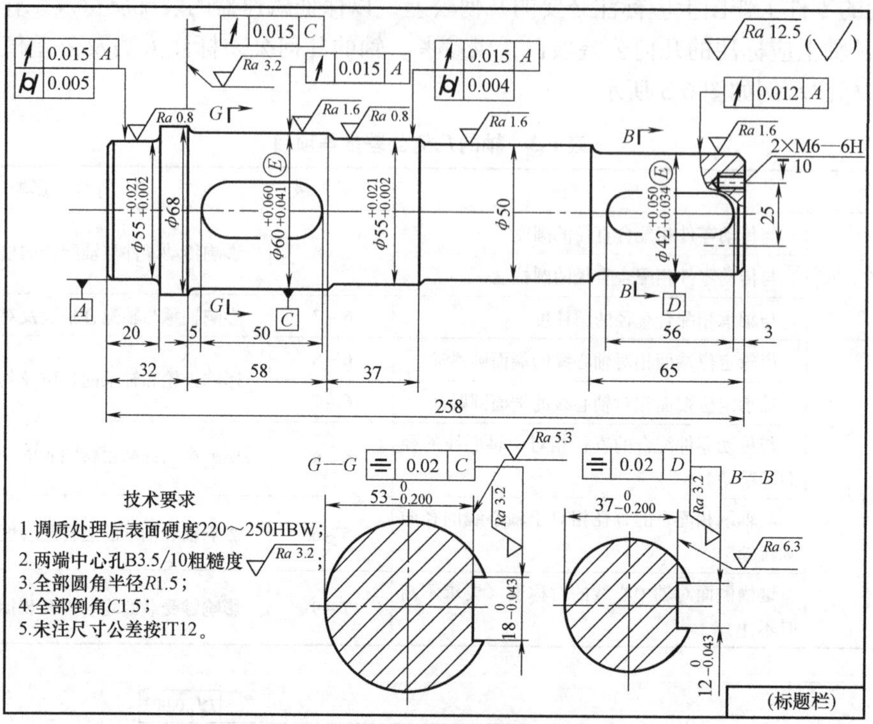

图6-4 轴零件工作图的设计实例

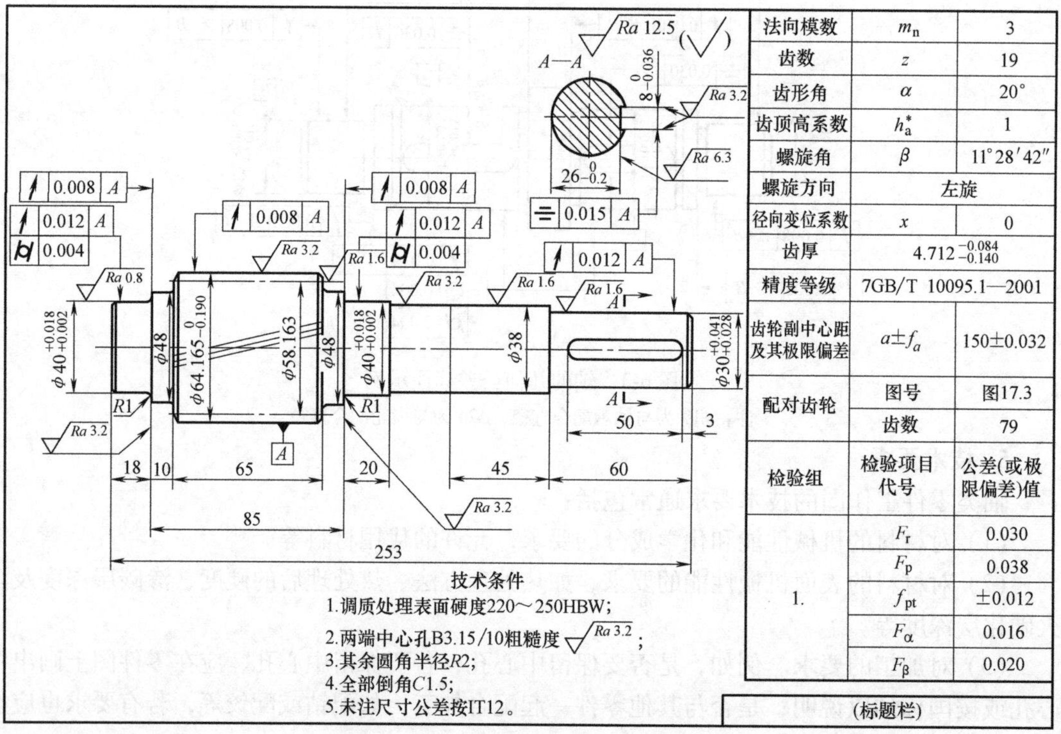

法向模数	m_n	3
齿数	z	19
齿形角	α	20°
齿顶高系数	h_a^*	1
螺旋角	β	11°28′42″
螺旋方向	左旋	
径向变位系数	x	0
齿厚	$4.712_{-0.140}^{-0.084}$	
精度等级	7GB/T 10095.1—2001	
齿轮副中心距及其极限偏差	$a \pm f_a$	150±0.032
配对齿轮	图号	图17.3
	齿数	79
检验组	检验项目代号	公差(或极限偏差)值
1.	F_r	0.030
	F_p	0.038
	f_{pt}	±0.012
	F_α	0.016
	F_β	0.020

图6-5 齿轮轴零件工作图的设计实例

6.2.2　齿轮的设计

1. 视图

齿轮类零件一般需要两个视图，齿轮轴与蜗杆的视图与轴类零件图相似。为了表达齿形的有关特征及参数（如蜗杆的轴向齿距等），必要时应画出局部剖面图。若蜗轮为组合式结构，则需分别画出齿圈、轮体的零件图及蜗轮的组件图。

2. 标注尺寸

标注齿轮的尺寸时首先应选定基准面，基准面的尺寸和形状公差应严格规定，因为它影响到齿轮加工和检测的精度。

在切削齿轮的轮齿时，是以孔心线和端面作为基准的。当测量分度圆弦齿厚或固定弦齿厚时，其齿顶圆是测量基准。

当齿顶圆作为测量基准时，其顶圆直径公差按齿坯公差选取；当顶圆直径不作为测量基准时，尺寸公差按 IT11 给定，但不小于 $0.1m_n$（m_n 为法面模数）。

3. 表面粗糙度的确定

齿轮类零件的所有表面都应标明表面粗糙度，可从表 6-4 中选取相应的表面粗糙度 *Ra* 推荐值。

表 6-4　齿轮（蜗轮）轮齿表面粗糙度 *Ra* 推荐值　　（单位：μm）

加工表面		传动精度等级			
		6	7	8	9
轮齿工作面	圆柱齿轮	0.8~1.6	0.8~3.2	1.6~3.2	3.2~6.3
	锥齿轮		0.8~1.6		
	蜗杆及蜗轮				
齿顶圆		3.2~12.5			
轴孔		1.6~3.2			
与轴肩配合的端面		3.2~6.3			
平键键槽		工作面：3.2~6.3　非工作面：6.3~12.5			
齿圈与轮体的配合面		1.6~3.2			
其他加工表面		6.3~12.5			

4. 几何公差的选定

轮坯的几何公差对齿轮类零件的传动精度影响很大，一般需标注的项目有：①齿顶圆的径向圆跳动；②基准端面对轴线的端面圆跳动；③键槽侧面对孔心线的对称度；④轴孔的圆柱度。

5. 技术要求

如零件工作图设计要点中所述。

6. 齿轮类零件精度等级的标注

圆柱齿轮精度按 GB/T 10095—2008 标准执行，其标注示例。

（1）齿轮第Ⅰ公差组精度为7级，第Ⅱ公差组精度为6级，第Ⅲ公差组精度为6级，齿厚上偏差为G，齿厚下偏差为M，标注为

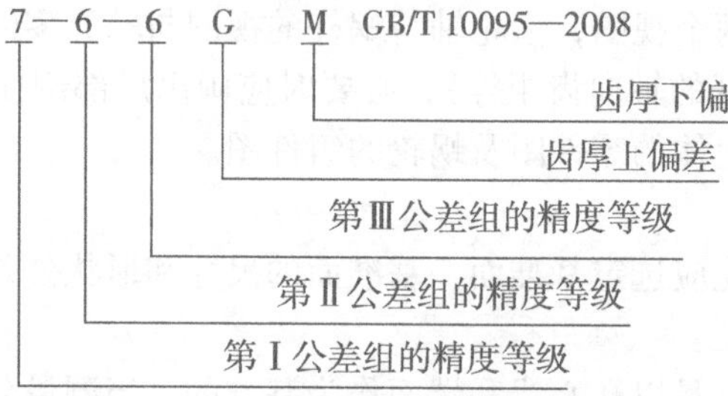

（2）齿轮的三个公差组精度同为7级，其齿厚上偏差为F，下偏差为L，标注为

7FL GB/T 10095.1—2008

（3）齿轮的三个公差组精度同为4级，其齿厚上偏差为 -330μm，下偏差为 -495μm，标注为

$$4\left(^{-0.330}_{-0.495}\right)\ \text{GB/T 10095.1—2008}$$

锥齿轮精度按GB/T 11365—1989标准执行，圆柱蜗杆、蜗轮精度按GB/T 10089—1988标准执行，其标注示例查阅有关手册。对于锥齿轮工作图及圆柱蜗杆、蜗轮的工作图，可参考有关例图。锥齿轮的精度等级、误差检验项目及公差值按GB/T 11365—1989查取，圆柱蜗杆、蜗轮则按GB/T 10089—1988查取。

直齿圆柱齿轮零件工作图的设计实例参见图6-6。

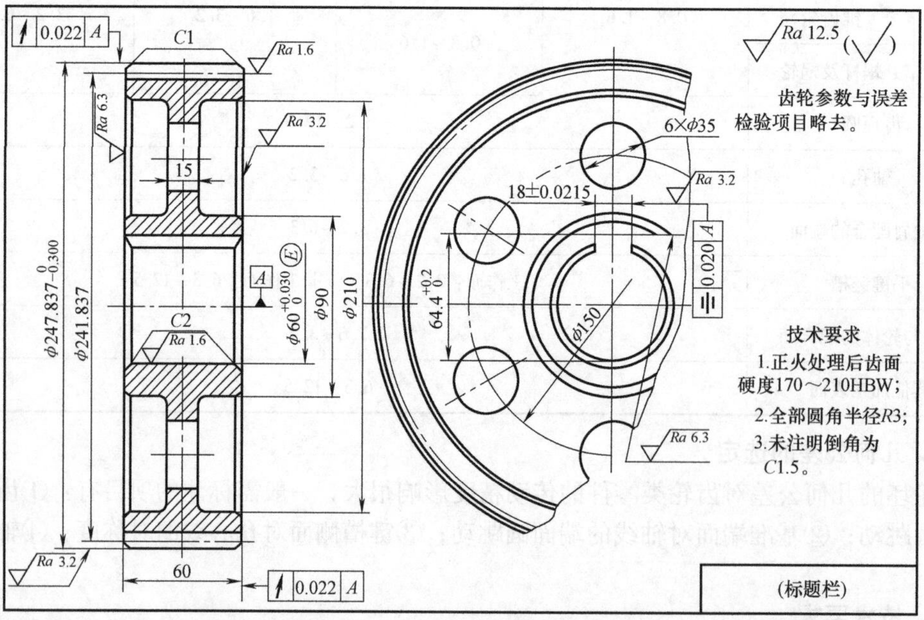

图6-6 直齿圆柱齿轮

6.2.3　带轮的设计

1. 带轮的设计要求

（1）带轮要求质量小、结构工艺性好、内应力小、质量分布均匀。高转速带轮要进行动平衡实验。

（2）轮槽工作面要进行精加工，以减少带磨损。

（3）各轮槽应分布均匀，两面角度要准确，保证各轮槽载荷分布较均匀。

（4）合理选择参数（如直径、带速等）。

（5）确定好带的载型、长度和根数。

2. 选择视图

（1）带轮类零件图一般只需一个主视图。

（2）在有键槽和孔的地方，增加必要的剖视图或剖面图。

（3）对于不易表达清楚的局部，例如带槽、中心孔等，必要时应绘制局部放大图。

3. 标注尺寸

（1）为了保证带轮类零件加工的精度和有关参数的测量，标注尺寸时要考虑到基准面。

（2）带轮零件图上的各径向尺寸以孔中心线为基准注出，槽宽方向的尺寸则以端面为基准标出。槽型角度要标注两面。

（3）标注径向尺寸时，凡有配合处的直径，都应标出尺寸极限偏差。

（4）标注轴向尺寸时，首先应选好基准面，并尽量使尺寸的标注反映加工工艺的要求，不允许出现封闭的尺寸链（但必要时可以标注带有括号的参考尺寸）。

4. 标注尺寸公差和几何公差

标注带轮零件的几何公差，是为了保证加工精度和装配质量。常标注的几何公差有圆度、圆柱度、同轴度、圆跳动和全跳动。几何公差的标注方法参阅机械制图手册。

（1）带轮的轴孔是加工、测量和装配的重要基准，尺寸精度要求较高，应根据装配图上标定的配合性质和公差等级，查公差表，标出其极限偏差值。

（2）键槽宽度6的极限偏差和尺寸（$d-t_1$）的极限偏差。

（3）键槽的对称度公差。

5. 标注表面粗糙度

带轮加工表面相应的表面粗糙度数值可查相关参数。

6. 编写技术要求

带轮零件图上的技术条件一般包括：

（1）对材料性能的要求，如当$v\leqslant30$m/s时可用HT200；当$v\geqslant25\sim40$m/s时应选用球墨铸铁或铸钢；小功率条件下可采用铝或工程塑料。

（2）正确选择带轮的结构和尺寸。

（3）对图中未标注的圆角、倒角尺寸及其他特殊要求的说明。

带轮零件工作图示例如图6-7所示。

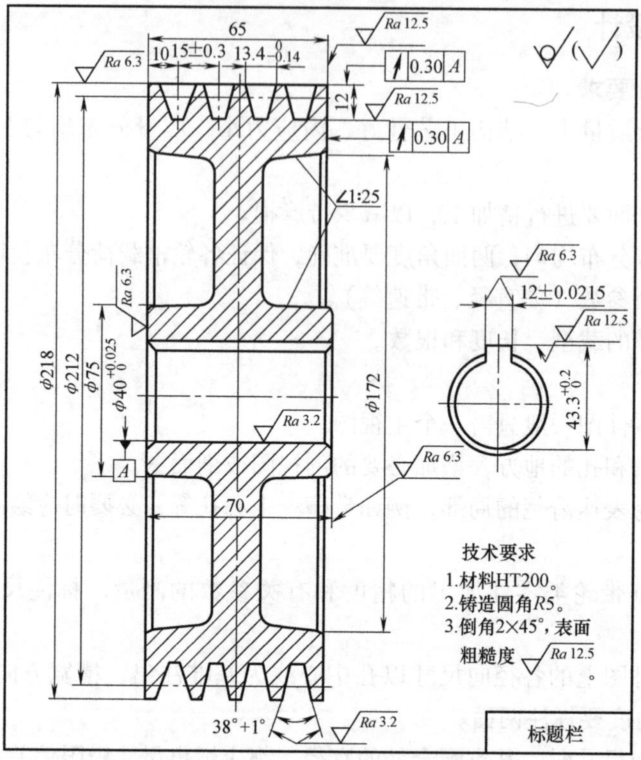

图 6-7 带轮零件工作图示例

第7章　编写设计计算说明书与答辩准备

7.1　编写设计计算说明书

设计计算说明书是整个设计计算过程的整理和总结，也是审核设计是否合理的技术文件之一。它提供了设计的理论根据、计算项目和图文信息，供审核人员及设备的使用人员查阅。因此，编写设计计算说明书是设计工作的一个重要环节。

设计计算说明书要求计算正确、论述清楚、文字简练、书写工整。对计算内容只须写出计算公式，再代入数值（运算和简化过程不必写），最后写清计算结果、标注单位并写出结论（如“强度足够”、“在允许范围内”等）。对于主要的计算结果，在说明书的右侧一栏填写，使其醒目突出。

说明书中还应包括有关的简图，如传动方案简图、轴的受力分析图、弯矩图、传动件草图等。说明书中所引用的重要公式或数据，应注明来源、参考资料的编号和页次。对每一自成单元的内容，都应有大小标题。

1. 打印要求（推荐）

为了便于存档，采用A4纸打印，然后装订成册。

（1）封面

1）机械设计基础课程设计说明书（黑体加粗，小初号字）。

2）设计课题、院（系）、专业、班级、姓名、指导教师、完成日期（宋体加粗，3号字）。

（2）纸张与页面设置

1）纸张：A4，纵向，单面打印，左侧装订。

2）页边距：上下各2.5cm，左侧3cm、右侧2cm。

3）页眉

① 字体：小五号宋体。

② 内容：××学院××专业机械设计基础课程设计。

4）页脚

① 字体：小五号字，宋体。

② 内容：页码。

5）目录

① 标题：小二号字，黑体加粗，居中。

② 内容：四号字，宋体。一级标题靠最左边，二级标题空一格，三级标题再空一格。

③ 行距：1.5倍行距。

6）正文标题

一级标题：中文四号字，黑体加粗，用“一、二”等表示序号。

二级标题：中文小四号字，宋体加粗，用“1.、2.”等表示序号。

三级标题：中文五号字，宋体，用“（1）、(2)”等表示序号。

行距：1.5 倍行距。

2. 设计计算说明书的主要内容

（1）目录（标题及页次）。

（2）设计任务书（附传动方案简图）。

（3）传动方案的分析。

（4）电动机的选择。

（5）传动装置运动及动力参数计算。

（6）传动零件的设计计算。

（7）轴的计算。

（8）滚动轴承的选择和计算。

（9）键联接的选择和计算。

（10）联轴器的选择。

（11）润滑方式、润滑油牌号及密封装置的选择。

（12）参考资料（［资料编号］主要责任者．书名．版本．出版地：出版单位，出版年.）。

7.2 答辩准备

答辩是课程设计的最后一个环节，是检查学生实际掌握知识的情况和设计的成果，评定设计成绩的一个重要方面。学生完成设计后，应及时做好答辩的准备。通过答辩准备可以对设计过程进行全面的分析和总结，发现存在的问题，因此答辩准备是一个再提高的过程。

1. 答辩前应做的准备

答辩前，应认真整理和检查全部图样和说明书，进行系统、全面的回顾和总结。搞清设计中每一个数据、公式的使用，弄懂图样上的结构设计问题，每一线条的画图依据以及技术要求等其他问题。做好总结可以把还不懂或尚未考虑到的问题搞懂、弄透，以取得更大的收获。总结可以书面形式写在计算书的最后一页，以便老师查阅。机械设计基础课程设计说明书封面格式如图 7-1 所示，并按图 7-2 所示的折叠方法折叠图样，最后把图样叠好，说明书装订好，放在图样袋内准备答辩。

通过准备答辩，学生可以系统地回顾和总结设计的内容，理清设计思路，找出设计的不足，分析还不太明了的或考虑不全面的问题，深化设计成果，从而使准备答辩的过程，成为课程设计中的一个总结与提高的过程。答辩题目主要取自设计图样中易出现的错误、设计计算中的参数分析及选择、结构设计等方面的问题，目的是提高学生分析和解决工程实际问题的能力。答辩成绩由设计图样、设计计算说明书、答辩中回答问题的水平及设计过程中的表现几部分组成，答辩前需做好以下准备：

（1）装订完成设计说明书。

（2）设计图样（减速器总装图、低速轴零件图、低速齿轮零件图）。

（3）复习答辩参考题。

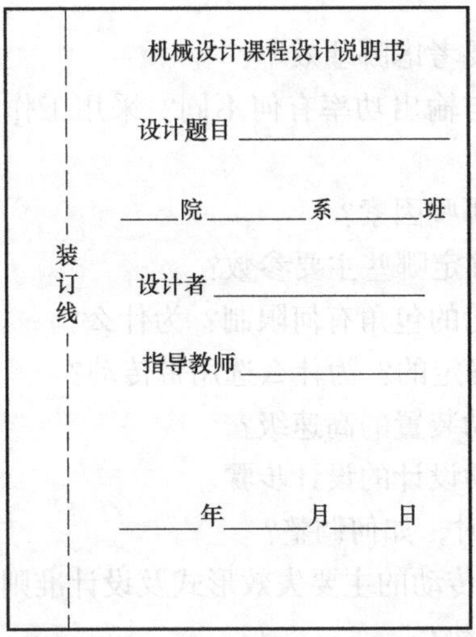

图 7-1　设计说明书封面格式

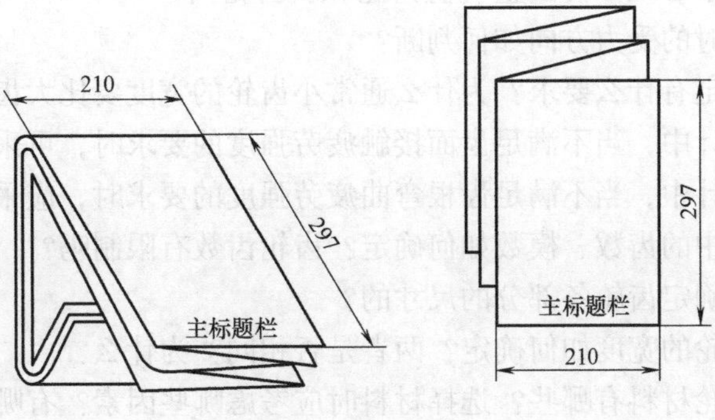

图 7-2　图样折叠方法

答辩前应将设计图样和设计计算说明书装袋后交指导教师审阅，未完成设计任务者一般不允许答辩。

2. 答辩形式及过程

答辩采用每位学生单独进行的方式。

答辩过程包括学生准备答辩、学生陈述设计内容和回答指导教师（或答辩委员会成员）提问三个环节。答辩准备包括资料规范整理、设计内容及相关课程知识复习、学生仪表和心理调整。学生陈述一般控制在 10min 内。首先将主要图样贴到规定的地方，然后简要介绍自己的姓名、专业、班级等基本信息，接着讲解设计原理、特点、创新等主要内容，最后接受教师提问。回答问题时要正确理解题意，紧扣要点，简明扼要。答辩完毕后学生应主动离开教室（答辩场地），避免影响教师评判成绩。

3. 成绩评定

根据学生的设计图样、设计计算说明书和答辩中回答问题的情况，按照院校教学管理制度规定的比例，并参考学生在设计过程中的表现给出综合评定成绩。成绩分为优、良、及格和不及格四个等级。不及格者须在毕业之前重修，否则不准予毕业。

4. 答辩准备的思考题

（1）确定电动机功率时要考虑哪些效率？

（2）电动机的额定功率与输出功率有何不同？采用工作机所需功率与电动机额定功率计算对减速器装置有何影响？

（3）传动比分配要考虑哪些因素？

（4）V 带传动设计时要确定哪些主要参数？

（5）什么叫包角？小带轮的包角有何限制？为什么？

（6）V 带的根数是如何确定的？为什么选用带传动？

（7）带传动为何放在传动装置的高速级？

（8）试述带传动或链传动设计的设计步骤。

（9）当 V 带根数 Z 过多时，如何调整？

（10）试述你所设计齿轮传动的主要失效形式及设计准则。

（11）为何采用斜齿轮传动？

（12）选择齿轮材料时应注意什么问题？

（13）齿轮传动中心距如何圆整（直齿轮和斜齿轮）？

（14）齿轮啮合时的受力方向如何判断？

（15）齿宽的确定有什么要求？为什么通常小齿轮的宽度要比大齿轮宽？

（16）在齿轮设计中，当不满足齿面接触疲劳强度的要求时，可采取什么措施？

（17）在齿轮设计中，当不满足齿根弯曲疲劳强度的要求时，应采取什么措施？

（18）齿轮设计中的齿数、模数如何确定？齿轮齿数有限制吗？

（19）你是如何确定齿轮各部分的尺寸的？

（20）大、小齿轮的宽度如何确定？两者是否相同？为什么？

（21）常用的齿轮材料有哪些？选择材料时应考虑哪些因素？有哪些热处理方式？

（22）设计齿轮时如何选择材料及确定两轮齿面间的硬度差？

（23）说明计算载荷中的载荷系数 K 的意义。其值如何取？

（24）为何大、小齿轮的弯曲强度要分别校核？

（25）齿轮设计中，当接触强度不满足时，应采取哪些措施提高齿轮的接触强度？

（26）齿轮的常用结构形式有几种？在什么情况下设计成齿轮轴？在什么情况下齿轮和轴分开？你是如何确定齿轮结构形式的？

（27）你所设计的齿轮减速器选用的是软齿面还是硬齿面？使用若干年后，该齿轮将首先发生什么失效？如果该齿轮失效后再重新设计齿轮，将按什么强度设计，按什么强度校核？

（28）齿轮传动采用何种润滑方式？为什么？

（29）联轴器如何选用？

（30）键起何作用？

（31）键的型号是根据什么确定的？键联接设计中应注意哪些问题？

（32）弯扭组合强度计算时，轴上力的方向如何确定？

（33）轴上零件的轴向固定应考虑哪些问题？以输入轴为例，说明轴上零件是怎样定位和固定的。

(34) 以你设计的轴为例，说明每段轴的长度和直径是怎样确定的。
(35) 轴为什么要设计成阶梯轴？支点位置怎么确定？
(36) 轴的强度计算中修正系数的意义是什么？其值如何确定？
(37) 轴的轴向尺寸由什么决定？
(38) 轴承如何密封？
(39) 滚动轴承采用何种润滑方式？为什么？
(40) 轴承和轴、轴承座的配合如何确定？
(41) 安装滚动轴承时为何要留有一定间隙或游隙？间隙或游隙如何调整？
(42) 轴承座孔凸台的尺寸根据什么确定？为什么要设置轴承座凸台？
(43) 安装滚动轴承处轴肩高度应如何确定？
(44) 毡圈式密封主要用于何种润滑？
(45) 轴承在用什么方式润滑时采用挡油环？为何要设置挡油环，其意义何在？
(46) 滚动轴承的代号是如何确定的？
(47) 说明你选择轴承类型和型号的依据是什么。
(48) 对角接触轴承应如何考虑轴向力的方向？
(49) 角接触轴承的正装和反装布置各有哪些优缺点？你选择的布置有何特点？
(50) 滚动轴承的寿命不能满足要求时，应如何解决？
(51) 轴承如何拆装？在轴的设计中应如何考虑？
(52) 减速器箱体设计一般要考虑哪些因素？
(53) 剖分式箱体上的圆锥销起何作用？销孔的位置应如何确定？
(54) 为什么要确定最小壁厚？
(55) 传动零件中心距偏差如何确定？
(56) 齿轮和轴的配合如何确定？
(57) 铸件表面沿起模方向在设计上应注意什么？
(58) 试述螺栓联接的防松方法，在设计中你采用了哪种方法？
(59) 为何要用起盖螺钉？
(60) 减速箱中油面最低油位线是怎样规定的？油标的作用是什么？
(61) 窥视孔用于什么目的？
(62) 箱体的中心高是如何确定的？箱盖和箱座凸缘的宽度是如何确定的？
(63) 如何确定箱体内壁的位置？
(64) 箱盖与箱座的凸缘宽度是如何确定的？
(65) 装配图上应标注哪些尺寸？
(66) 零件图上应标注哪些尺寸？
(67) 说明你所选轴承的类型、型号及选择依据。
(68) 装配图上应说明哪些技术特性或技术要求？
(69) 减速器上吊钩、吊环或吊耳的作用是什么？其尺寸大小如何确定？
(70) 减速器的肋板起什么作用，箱盖要不要设计肋板？
(71) 减速器在什么情况下需要开设油沟？试说明油的走向。
(72) 减速器箱体装油塞处及装通气器处为何要凸出一些？如何加工？

（73）减速器的油塞起什么作用？布置其位置时应考虑哪些问题？
（74）为何要在减速器上开设通气器？通气器有几种形式？
（75）减速器箱体上油标尺的位置如何确定？为什么设计成斜置的？
（76）如何确定减速器的主要尺寸？铸造箱体的壁厚为什么要大于8mm？
（77）确定减速器的润滑方式时，应考虑哪些主要原因？
（78）减速器润滑油的高度应如何确定？与齿轮速度有关吗？
（79）如何保证箱体的密封性能？常用密封件有哪些？
（80）箱缘宽度根据什么条件确定？你确定的数值是多少？
（81）你所设计的减速器中心高是如何确定的？
（82）在箱体上的沉孔有何作用？如何加工？
（83）为减少箱体加工面，在设计中采取哪些措施？
（84）加工键槽有几种方法？加工时应注意什么问题？
（85）校核键时主要考虑什么强度？
（86）定位销有哪些类型？其作用如何？
（87）减速器箱盖与箱座联接为什么要用定位销？定位销的位置应如何布局？
（88）联轴器有哪些类型？有何特点？联轴器与离合器的功用有何差别？
（89）箱盖与箱座联接螺栓的位置和个数是根据什么确定的？

第 8 章　机械设计基础课程设计案例

试设计一级直齿圆柱齿轮减速器。已知带式运输机传动方案如图 8-1，运输带的圆周力 $F=4000\text{N}$，运输带速度 $v=0.8\text{m/s}$，卷筒直径 $D=200\text{mm}$，卷筒传动效率 $\eta_w=0.96$，空载起动，载荷平稳、传动可逆转，常温、工作场所多灰，两班制工作，每年工作 300 天，使用期限为 5 年，传动比误差为 ±5%。

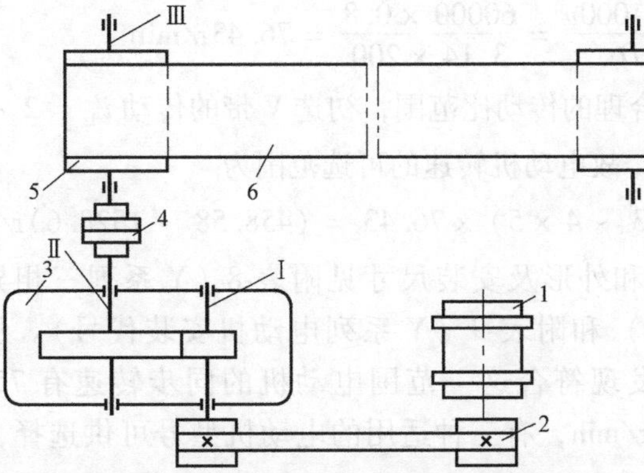

图 8-1　带式运输机传动方案

1—电动机　2—带传动　3—减速器　4—联轴器　5—滚筒　6—传送带

计算及说明	结果
一、电动机的选择及运动参数的计算	
1. 电动机的选择	
（1）选择电动机的类型　按已知的工作要求和条件，选用 Y 型全封闭笼型三相异步电动机。	
（2）选择电动机型号　电动机所需工作功率为	
$P_d=\dfrac{P_w}{\eta}$	选用 Y 型全封闭笼型三相异步电动机
其中	
$P_w=\dfrac{Fv}{1000}$	
则　$P_d=\dfrac{P_w}{\eta}=\dfrac{Fv}{1000\eta}$	
由电动机至运输带的传动总效率 η 为	
$\eta=\eta_1\eta_2^3\eta_3\eta_4\eta_w$	

计算及说明	结果

式中，η_1 是带传动效率，η_2 是轴承传动效率，η_3 是齿轮传动效率，η_4 是联轴器传动效率，η_w 是卷筒传递效率。查表 2-2，其大小分别为 $\eta_1 = 0.96$，$\eta_2 = 0.99$，$\eta_3 = 0.97$，$\eta_4 = 0.99$，$\eta_w = 0.96$。

$$\eta = \eta_1\eta_2^3\eta_3\eta_4\eta_w = 0.96 \times 0.99^3 \times 0.97 \times 0.99 \times 0.96 = 0.859$$

$\eta = 0.859$

即 $$P_d = \frac{P_w}{\eta} = \frac{Fv}{1000\eta} = \frac{4000 \times 0.8}{1000 \times 0.859} = 3.73\text{kW}$$

$P_d = 3.73\text{kW}$

（3）确定电动机的转速　卷筒轴工作转速为

$$n_w = \frac{60 \times 1000v}{\pi D} = \frac{60000 \times 0.8}{3.14 \times 200} = 76.43\text{r/min}$$

$n_w = 76.43\text{r/min}$

根据表 2-1 推荐的合理的传动比范围，初选 V 带的传动 $i'_1 = 2 \sim 4$，齿轮传动比 $i'_2 = 3 \sim 5$，故电动机转速的可选范围为

$$n'_d = (i'_1 i'_2)n_w = (2 \times 3 \sim 4 \times 5) \times 76.43 = (458.58 \sim 1528.6)\text{r/min}$$

电动机的技术特性和外形及安装尺寸见附表-8（Y 系列三相异步电动机型号与技术数据）和附表-9（Y 系列电动机安装代号）。从这两个附表中我们可以发现符合这一范围电动机的同步转速有 750r/min、1000r/min、1500r/min，有三种适用的电动机型号可供选择，见表 8-1。

表 8-1　传动比方案比较

传动比方案	电动机型号	额定功率/kW	电动机转速/(r·min^{-1})		电动机重量/N	参考价格/元	传动装置的传动比		
			同步转速	满载转速			总传动比	V 带传动	齿轮
1	Y160M1.8	4	750	720	1180	500	9.42	3	3.14
2	Y132M1-6	4	1000	960	730	350	12.56	3	4.19
3	Y112M-4	4	1500	1440	470	230	18.84	3	6.28

综合考虑电动机和传动装置的尺寸、重量和价格选择方案 2 比较合适。因此选定电动机的型号为 Y132M1-6。所选电动机的主要性能和外观尺寸见表 8-2 和表 8-3。

选定电动机的型号为 Y132M1-6

表 8-2　电动机（型号 Y132M1-6）的主要性能

额定功率 P_{ed}/kW	同步转速 n/(r·min^{-1})	满载转速 n_m/(r·min^{-1})	电动机总重/N	启动转矩/额定转矩	最大转矩/额定转矩
4	1000	960	730	2.0	2

计算及说明	结果

表 8-3　电动机（型号 Y132M1-6）的主要外形尺寸和安装尺寸

（单位：mm）

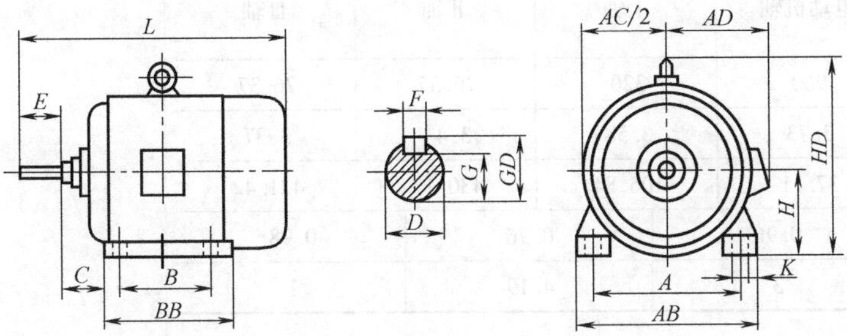

中心高 H	外形尺寸 $L \cdot (AC/2 + AD) \cdot HD$	底脚安装尺寸 $A \cdot B$	地脚螺栓孔直径 K	轴外伸尺寸 $D \cdot E$
132	515 × 345 × 315	216 × 178	12	38 × 80

2. 运动参数的计算

（1）各轴的功率

Ⅰ轴的输入功率　$P_1 = P_d\eta_1 = 3.73 \times 0.96 = 3.58\text{kW}$　　$P_1 = 3.58\text{kW}$

Ⅱ轴的输入功率　$P_2 = P_1\eta_2\eta_3 = 3.58 \times 0.99 \times 0.97 = 3.44\text{kW}$　　$P_2 = 3.44\text{kW}$

Ⅲ轴的输入功率　$P_3 = P_2\eta_2\eta_4 = 3.44 \times 0.99 \times 0.99 = 3.37\text{kW}$　　$P_3 = 3.37\text{kW}$

（2）各轴的转速

Ⅰ轴的转速　$n_1 = \dfrac{n_m}{i_1} = \dfrac{960}{3} = 320\text{r/min}$　　$n_1 = 320\text{r/min}$

Ⅱ轴的转速　$n_2 = \dfrac{n_1}{i_2} = \dfrac{320}{4.19} = 76.37\text{r/min}$　　$n_2 = 76.37\text{r/min}$

Ⅲ轴的转速　$n_3 = n_2 = 76.37\text{r/min}$　　$n_3 = 76.37\text{r/min}$

（3）各轴的转矩

电动机轴输入转矩　$T_0 = 9550\dfrac{P_d}{n_m} = 9550 \times \dfrac{3.73}{960} = 37.11\text{N} \cdot \text{m}$　　$T_0 = 37.11\text{N} \cdot \text{m}$

Ⅰ轴的输入转矩　$T_1 = 9550\dfrac{P_1}{n_1} = 9550 \times \dfrac{3.58}{320} = 106.84\text{N} \cdot \text{m}$　　$T_1 = 106.84\text{N} \cdot \text{m}$

Ⅱ轴的输入转矩　$T_2 = 9550\dfrac{P_2}{n_2} = 9550 \times \dfrac{3.44}{76.37} = 430.17\text{N} \cdot \text{m}$　　$T_2 = 430.17\text{N} \cdot \text{m}$

Ⅲ轴的输入转矩　$T_3 = 9550\dfrac{P_3}{n_3} = 9550 \times \dfrac{3.37}{76.37} = 421.42\text{N} \cdot \text{m}$　　$T_3 = 421.42\text{N} \cdot \text{m}$

计算及说明	结果

运动和动力参数的计算结果列于表 8-4 所示。

表 8-4 运动和动力参数的计算结果

轴名 / 参数	电动机轴	Ⅰ轴	Ⅱ轴	Ⅲ轴
转速 $n(\mathrm{r \cdot min^{-1}})$	960	320	76.37	76.37
输入功率 P/kW	3.73	3.58	3.44	3.37
输入转矩 T/ (N·m)	37.11	106.84	430.17	421.42
效率 η	0.96	0.96	0.98	
传动比 i	3	4.19	1	

二、V 带传动设计

1. 确定计算功率 P_d

查表 8-5[1]工况系数 $K_A = 1.3$，所以

$$P_d = K_A P_0 = 1.3 \times 4 = 5.2\mathrm{kW}$$

结果：$K_A = 1.3$，$P_d = 5.2\mathrm{kW}$

2. 选择 V 带型号

根据 $P_d = 5.2\mathrm{kW}$，小带轮转速 $n_1 = 960\mathrm{r/min}$ 查图 8-8[1]，选择 V 带型号为 A 型。

结果：选择 V 带型号为 A 型。

3. 确定带轮直径

由 $P_d = 5.2\mathrm{kW}$，小带轮转速 $n_1 = 960\mathrm{r/min}$ 查图 8-8[1]，取小带轮直径 $d_{d1} = 112\mathrm{mm}$，则大带轮直径 $d_{d2} = i_1 d_{d1} = 3 \times 112 = 336\mathrm{mm}$。

结果：$d_{d1} = 112\mathrm{mm}$，$d_{d2} = 336\mathrm{mm}$

4. 验算带速

$$v = \frac{\pi d_{d1} n_0}{60 \times 1000} = \frac{3.14 \times 112 \times 960}{60000}\mathrm{m/s} = 5.63\mathrm{m/s}$$

因为 $5 \leqslant v \leqslant 25$，所以带速符合要求。

结果：$v = 5.63\mathrm{m/s}$，带速符合要求

5. 初步确定中心距

中心距的合理取值范围为 $0.7(d_{d1} + d_{d2}) \leqslant a_0 \leqslant 2(d_{d1} + d_{d2})$，所以

$$313.6\mathrm{mm} \leqslant a_0 \leqslant 896\mathrm{mm}，取\ a_0 = 800\mathrm{mm}$$

结果：$a_0 = 800\mathrm{mm}$

6. 确定带长 L_d

带的基准长度为

$$L_{d0} = 2a_0 + \frac{\pi}{2}(d_{d1} + d_{d2}) + \frac{(d_{d2} - d_{d1})^2}{4a_0}$$

$$= \left[2 \times 800 + \frac{3.14}{2}(112 + 336) + \frac{(336 - 112)^2}{4 \times 800}\right]\mathrm{mm} = 2319\mathrm{mm}$$

取带的基准长度 $L_d = 2500\mathrm{mm}$。

结果：$L_{d0} = 2319\mathrm{mm}$，$L_d = 2500\mathrm{mm}$

计算及说明	结果
7. 计算实际中心距	
$A = \dfrac{L_d}{4} - \dfrac{\pi(d_{d1} + d_{d2})}{8} = \left[\dfrac{2500}{4} - \dfrac{3.14 \times (112 + 336)}{8}\right]\text{mm} = 449.16\text{mm}$	
$B = \dfrac{(d_{d2} - d_{d1})^2}{8} = \dfrac{(336 - 112)^2}{8}\text{mm} = 6272\text{mm}$	
$a \approx A + \sqrt{A^2 - B} \approx (449.16 + \sqrt{449.16^2 - 6272})\text{mm} = 891.28\text{mm}$	$a \approx 891.28\text{mm}$
8. 校核小带轮包角	
$\alpha_1 = 180° - \dfrac{d_{d2} - d_{d1}}{a} \times 57.3° = 180° - \dfrac{336 - 112}{891.28} \times 57.3° = 165.60°$	$\alpha_1 = 165.60°$
$>120°$，符合要求。	
9. 确定V带根数	
查表8-3、表8-4、表8-2[1]，得 $P_1 = 1.16\text{kW}$，$\Delta P_1 = 0.11\text{kW}$，$K_\alpha = 0.96$，$K_L = 1.09$，则	
$Z = \dfrac{P_d}{(P_1 + \Delta P_1)K_\alpha K_L} = \dfrac{5.2}{(1.16 + 0.11) \times 0.96 \times 1.09}$ 根 $= 3.89$ 根	
取 $Z = 4$ 根。	$Z = 4$ 根
10. 确定单根带的初拉力 F_0	
查表8-1[1]，$q = 0.1\text{kg/m}$，则	
$F_0 = 500\left(\dfrac{2.5 - K_\alpha}{K_\alpha Z v}\right)P_d + qv^2$ $= 500 \times \dfrac{2.5 - 0.96}{0.96 \times 4 \times 5.63} \times 5.2 + 0.1 \times 5.63^2$ $= 188.38\text{N}$。	$F_0 = 188.38\text{N}$
11. 确定带对轴的压力 F_Q	
$F_Q = 2F_0 \sin\left(\dfrac{\alpha_1}{2}\right)Z = 2 \times 188.38 \sin\dfrac{165.60}{2} \times 4 = 1495\text{N}$	$F_Q = 1495\text{N}$
V带轮结构计算和带轮零件工作图略。	
三、齿轮传动计算	
1. 选择材料及精度等级	
小齿轮选用40Cr，调质，硬度取260HBS；大齿轮选用45号钢，调质，硬度取220HBS。因为减速器齿轮，所以齿轮的精度等级选用7级，齿面结构 $Ra \leqslant 1.6 \sim 3.2\mu\text{m}$。	小齿轮选用40Cr，大齿轮选用45号钢。
2. 按齿面接触疲劳强度设计	
（1）确定齿轮的齿数和齿宽系数　取小齿轮的齿数为 $z_1 = 20$，查表8-4得 $i_2 = 4.19$ 则大齿轮齿数	$z_1 = 20$

计算及说明	结果
$z_2 = i_2 z_1 = 4.19 \times 20 = 83.8$	
圆整，$z_2 = 84$	$z_2 = 84$
$$i_0 = \frac{z_2}{z_1} = \frac{84}{20} = 4.2$$	$i_0 = 4.2$
实际传动比：	
$$\Delta i = \frac{i - i_0}{i} = \frac{4.19 - 4.2}{4.19} = -0.25\% < \pm 5\%$$ 满足要求	
齿数比： $u = i_0 = 4.2$	$u = 4.2$
因小齿轮相对轴承对称布置，且是软齿面齿轮，所以查表 9-16[1] 取 $\psi_d = 0.9$。	$\psi_d = 0.9$
（2）齿面接触疲劳强度的计算　由于减速器是闭式齿轮传动，又是软齿面齿轮，所以在设计齿轮传动时，首先按照齿面接触疲劳强度计算轴的直径，其次按照齿根弯曲疲劳强度进行校核。	
1）参数的选取与计算	
Ⅰ轴输入扭矩 $T_1 = 106.84\text{N} \cdot \text{m}$	$T_1 = 106.84\text{N} \cdot \text{m}$
因原动机为电动机，且为对称布置，查表 9-16[1]，取 $K = 1.4$	$K = 1.4$
根据大、小齿轮的强度数值，查图 9-32[1] 得 $$\sigma_{\text{Hlim1}} = 710\text{MPa}, \sigma_{\text{Hlim2}} = 560\text{MPa}$$	
应力循环次数为	
$$N_1 = 60 n_1 r t_h = 60 \times 320 \times 1 \times 5 \times 16 \times 300 = 4.61 \times 10^8$$	$N_1 = 4.61 \times 10^8$
$$N_2 = \frac{N_1}{i_0} = \frac{4.61 \times 10^8}{4.2} = 1.10 \times 10^8$$	$N_2 = 1.1 \times 10^8$
查图 9-33[1] 得 $Z_{N1} = 1.08$，$Z_{N2} = 1.15$	
查表 9-15[1] 得 $S_H = 1.25$（取高可靠性），所以，	
$$[\sigma_{H1}] = \frac{\sigma_{\text{Hlim}} Z_{N1}}{S_H} = \frac{710 \times 1.08}{1.25} = 613\text{MPa}$$	
$$[\sigma_{H2}] = \frac{\sigma_{\text{Hlim}} Z_{N2}}{S_H} = \frac{560 \times 1.15}{1.25} = 515\text{MPa}$$	
2）根据齿面接触疲劳强度计算轴径	
$$d_1 \geqslant 76.43 \times \sqrt[3]{\frac{KT_1(u+1)}{\psi_d u [\sigma_H]^2}}$$	
$$= 76.43 \times \sqrt[3]{\frac{1.4 \times 106840 \times (4.2+1)}{0.9 \times 4.2 \times 515^2}}\text{mm} = 70.26\text{mm}$$	$d_1 = 70.26\text{mm}$
3. 计算齿轮的模数	
$$m = \frac{d_1}{z_1} = \frac{70.26}{20}\text{mm} = 3.51\text{mm}$$	

计算及说明	结果
所以，取 $m=4\text{mm}$	$m=4\text{mm}$
4. 校核齿根弯曲疲劳强度	
（1）计算齿轮直径和齿宽	
$d_1 = mz_1 = 4\times 20\text{mm} = 80\text{mm}$	$d_1 = 80\text{mm}$
$d_2 = mz_2 = 4\times 84\text{mm} = 336\text{mm}$	$d_2 = 336\text{mm}$
$b_2 = \psi_d d_1 = 0.9\times 80\text{mm} = 72\text{mm}$，取 $b_1 = 80\text{mm}$。	$b_2 = 72\text{mm}$
（2）求齿形系数 Y_F 和齿根修正系数 Y_S　因为在 $z_1=20$，$z_2=84$，查表 9-13[1] 得，$Y_{F1}=2.81$，$Y_{F2}=2.24$。	$b_1 = 80\text{mm}$
查表 9-14[1] 得，$Y_{S1}=1.56$，$Y_{S2}=1.77$。	
（3）求许用弯曲应力 $[\sigma_F]$　由图 9-34[1] 查得，$\sigma_{F\lim1} = 290\text{MPa}$，$\sigma_{F\lim2} = 210\text{MPa}$。	
由图 9-35[1] 查得，$Y_N = 1$	
由表 9-15[1] 查得，$S_F = 1.25$（取高可靠性），所以，	
$$[\sigma_{F1}] = \frac{\sigma_{H\lim1} Y_N}{S_F} = \frac{290\times 1}{1.25}\text{MPa} = 232\text{MPa}$$	$[\sigma_{F1}] = 232\text{MPa}$
$$[\sigma_{F2}] = \frac{\sigma_{H\lim2} Y_N}{S_F} = \frac{210\times 1}{1.25}\text{MPa} = 168\text{MPa}$$	$[\sigma_{F2}] = 168\text{MPa}$
（4）计算齿根弯曲疲劳强度	
$$\sigma_{F1} = \frac{2KT_1}{bm^2 z_1} Y_F Y_S = \frac{2\times 1.4\times 106840}{72\times 4^2\times 20}\times 2.81\times 1.56\text{MPa}$$	
$=56.92\text{MPa} \leqslant [\sigma_{F1}] = 232\text{MPa}$	$\sigma_{F1} = 56.92\text{MPa}$
$$\sigma_{F2} = \sigma_{F1}\frac{Y_{F2} Y_{S2}}{Y_{F1} Y_{S1}} = 56.92\times\frac{2.24\times 1.77}{2.81\times 1.56}\text{MPa}$$	
$=51.48\text{MPa} < [\sigma_{F2}] = 168\text{MPa}$	$\sigma_{F2} = 51.48\text{MPa}$
所以，齿根弯曲疲劳强度足够。	
5. 计算齿轮传动中心距 *a*	
$$a = \frac{1}{2}m(z_1+z_2) = \frac{1}{2}\times 4\times(20+84)\text{mm} = 208\text{mm}$$	$a = 208\text{mm}$
6. 验算齿轮的圆周速度 *v*	
$$v = \frac{\pi d_1 n_1}{60\times 1000} = \frac{3.14\times 80\times 320}{60\times 1000}\text{m/s}$$	
$=1.34\text{m/s} < 10\text{m/s}$	$v = 1.34\text{m/s}$
所以，齿轮选用 7 级精度合适。	
7. 齿轮几何尺寸计算及绘制齿轮工作图（略）	

计算及说明	结果
四、轴的设计计算	
1. Ⅰ轴（高速轴）**的设计计算**（略）	
2. Ⅱ轴（低速轴）**的设计计算**	
（1）选择轴的材料，确定许用应力　普通用途、中小功率减速器，选用45钢，正火处理。查表12-2[1]取 $\sigma_b=590\text{MPa}$，$[\sigma_b]_{-1}=55\text{MPa}$。	轴的材料选用45钢
（2）按扭转强度，初估轴的最小直径　由表12-4[1]查得 $C=110$，得	
$d \geqslant C\sqrt[3]{\dfrac{P_2}{n_2}}=110\times\sqrt[3]{\dfrac{3.44}{76.37}}\text{mm}=39.12\text{mm}$	$d\geqslant 39.12\text{mm}$
轴伸安装联轴器，考虑补偿轴的可能位移，选用弹性柱销联轴器。	
查12-8[1]得 $K=1.25$，由 $n_2=76.37\text{r/min}$ 和转矩 $T_c=KT_2=1.25\times430.19\text{N}\cdot\text{m}=537.74\text{N}\cdot\text{m}$，查附表-17（GB/T 5014—2013），标准孔径 $d_1=40\text{mm}$，即轴伸直径 $d_1=40\text{mm}$。	选用LX3弹性柱销联轴器 $d_1=40\text{mm}$
（3）轴系初步设计　根据轴系结构分析要点，结合后述尺寸确定，按比例绘制轴系结构草图，如图8-2所示。	
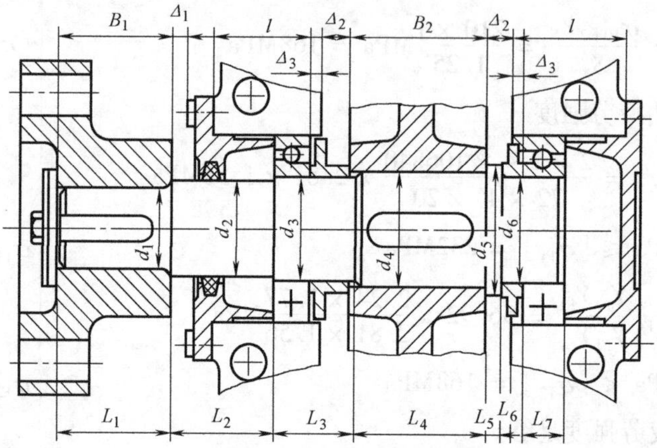 图8-2　轴系结构草图	
直齿圆柱齿轮传动没有轴向力，采用深沟球轴承。	
绘图时，结合尺寸的确定，首先画出齿轮轮毂位置，然后考虑齿轮端面到箱体内壁的距离 Δ_2 确定箱体内壁的位置，选择轴承并确定轴承位置。根据分箱面螺栓联接的布置，设计轴的外伸部分。	
（4）轴的结构设计　轴的结构设计主要有三项内容：各轴段径向尺寸的确定；各轴段轴向长度的确定；其余尺寸（如键槽、圆角、倒角、退刀槽等）的确定。	

计算及说明	结果
1）径向尺寸确定。从轴段 $d_1=40\text{mm}$ 开始，逐段选取相邻轴段的直径：如图 8-2 所示，d_2 起定位固定作用，定位轴肩高度 $h_{\min}$ 可在 $(0.07\sim0.1)d$ 范围内经验选取，故 $d_2=d_1+2h\geqslant40\times(1+2\times0.07)=45.6\text{mm}$，该直径处将安装密封毡圈，标准直径应取 $d_2=50\text{mm}$；d_3 与轴承内径相配合，为便于轴承安装，故取 $d_3=55\text{mm}$，选定 6013 轴承；d_4 与齿轮孔径相配合，为了便于装配，按标准尺寸，取 $d_4=60\text{mm}$；d_5 起定位作用，由 $h=(0.07\sim0.1)d=(0.07\sim0.1)\times60\text{mm}=4.2\sim6\text{mm}$，取 $h=5\text{mm}$，$d_5=70\text{mm}$；d_6 与轴承配合，取 $d_6=d_3=55\text{mm}$。	$d_2=50\text{mm}$ $d_3=55\text{mm}$ $d_4=60\text{mm}$ $d_5=70\text{mm}$ $d_6=55\text{mm}$
2）轴向尺寸的确定。与传动零件（如齿轮、带轮、联轴器等）相配合的轴段长度，一般略小于传动零件的轮毂宽度。在齿轮设计中大齿轮轮毂宽度 $B_2=72\text{mm}$，取轴段 $L_4=70\text{mm}$；联轴器 LX3 的轴孔 $B_1=84\text{mm}$，取轴段长 $L_1=82\text{mm}$。取挡油板宽 L_6 为 12mm，查轴承宽度 L_7 为 18mm，与轴承相配合的轴段长度 $L_6+L_7=30\text{mm}$。	$B_2=72\text{mm}$ $L_4=70\text{mm}$ $B_1=84\text{mm}$ $L_1=82\text{mm}$
3）其他轴段的长度与箱体等设计有关，可由齿轮开始向两侧逐步确定。一般情况，齿轮端面与箱壁的距离 Δ_2 取 $10\sim15\text{mm}$，本题取 $\Delta_2=15\text{mm}$；轴承端面与箱体内壁的距离 Δ_3 与轴承的润滑有关，油润滑时 $\Delta_3=3\sim5\text{mm}$，脂润滑时 $\Delta_3=5\sim10\text{mm}$，本题取 $\Delta_3=5\text{mm}$；分箱面宽度与分箱面的联接螺栓的装拆空间有关，对于常用的 M_{16} 普通螺栓，分箱面宽 $l=55\sim65\text{mm}$。考虑轴承盖螺钉至联轴器距离 $\Delta_1=10\sim15\text{mm}$，初步取 $L_2=55\text{mm}$。由图可见 $L_3=2+\Delta_2+\Delta_3+20=(2+15+5+20)=42\text{mm}$。轴环宽度 $L_5=8\text{mm}$。两轴承中心间的跨距 $L=132\text{mm}$。	$\Delta_2=15\text{mm}$ $\Delta_3=5\text{mm}$ $L_2=55\text{mm}$ $L_3=42\text{mm}$ $L_5=8\text{mm}$ $L=132\text{mm}$
（5）轴的强度校核 1）计算齿轮受力 齿轮切向力	
$F_t=2T_2/d_2=\dfrac{2\times430190}{336}\text{N}=2560.65\text{N}$	$F_t=2560.65\text{N}$
齿轮径向力	
$F_r=F_t\tan\alpha=2560.63\tan20^\circ\text{N}=932\text{N}$	$F_r=932\text{N}$
2）绘制轴的受力简图 如图 8-3a 所示。 3）计算支承反力（图 8-3b、c 及 d） 水平平面	
$R_A=\dfrac{F_r}{2}=\dfrac{2560.65}{2}\text{N}=1280.33\text{N}$	$R_A=1280.33\text{N}$

计算及说明	结果
$R_{\mathrm{B}} = \dfrac{F_{\mathrm{t}}}{2} = \dfrac{932}{2}\mathrm{N} = 466\mathrm{N}$	$R_{\mathrm{B}} = 466\mathrm{N}$
垂直平面 $F_{\mathrm{Ⅵ}} = F_{\mathrm{Ⅶ}} = F_{\mathrm{t}}/2 = 3844/2\mathrm{N} = 1922\mathrm{N}$	$F_{\mathrm{Ⅵ}} = F_{\mathrm{Ⅶ}} = 1922\mathrm{N}$
4）绘制弯矩图（图 8-3c、d）。	
D 截面 $M_{\mathrm{DV}} = \dfrac{F_{\mathrm{r}}L}{4} = \dfrac{932 \times 0.132}{4}\mathrm{N \cdot m} = 30.76\mathrm{N \cdot m}$	$M_{\mathrm{DV}} = 30.76\mathrm{N \cdot m}$
$M_{\mathrm{DH}} = \dfrac{F_{\mathrm{t}}L}{4} = \dfrac{2560.65 \times 0.132}{4}\mathrm{N \cdot m} = 84.50\mathrm{N \cdot m}$	$M_{\mathrm{DH}} = 84.50\mathrm{N \cdot m}$
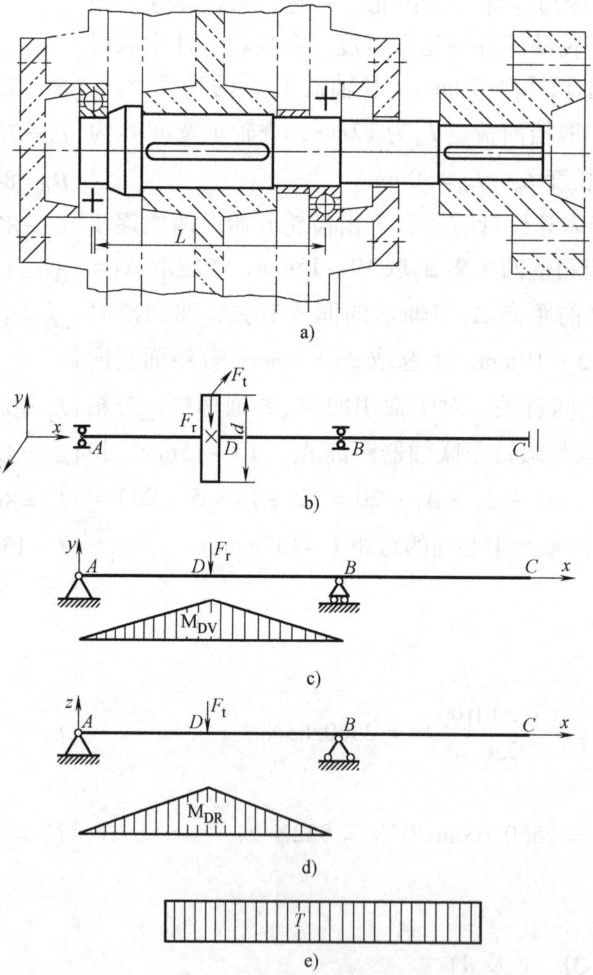 图 8-3 轴的强度校核	
D 截面处的合成弯矩 $M_{\mathrm{D}} = \sqrt{M_{\mathrm{Dr}}^2 + M_{\mathrm{DH}}^2} = \sqrt{30.76^2 + 84.5^2} = 89.92\mathrm{N \cdot m}$	$M_{\mathrm{D}} = 89.92\mathrm{N \cdot m}$

计算及说明	结果
5）绘制转矩图（图 8-3e）。转矩 $T=430.19\text{N}\cdot\text{m}$	
6）绘制危险截面的当量弯矩图。单向运转，转矩为脉动循环，$\alpha=0.6$ $M_e=\sqrt{M_D^2+(\alpha T)^2}=\sqrt{89.92^2+(0.6\times430.19^2)}$ $=273.33\text{N}\cdot\text{m}$	$M_e=273.33\text{N}\cdot\text{m}$
7）校核危险截面的强度 $d\geqslant\sqrt[3]{\dfrac{M_e}{0.1[\sigma_{-1}]_b}}=\sqrt[3]{\dfrac{273330}{0.1\times55}}\text{mm}=36.77\text{mm}$	$d\geqslant36.77\text{mm}$
考虑键槽，$d_a=105\%\times36.77\text{mm}=38.61\text{mm}$。实际直径为 60mm，强度足够，如所选轴承和键联接等经计算后确认寿命和强度均能满足，则该轴结构设计无须修改。	取 $d=60\text{mm}$
（6）绘制轴的零件工作图（略）	
五、滚动轴承的校核计算	
1. Ⅰ轴（高速轴）的滚动轴承校核计算（略） **2. Ⅱ轴（低速轴）的滚动轴承校核计算**	
（1）计算轴承所承受的当量动负荷 $R_A=R_B=\sqrt{R_{Ar}^2+R_{At}^2}=\sqrt{1280.33^2+466^2}\text{N}=1362.49\text{N}$，由于是直齿圆柱齿轮齿轮传动，选用的是深沟球轴承，所以没有轴向力。所以， $P_r=R_A=R_B=1362.49\text{N}$	$R_A=R_B=1362.49\text{N}$ $P_r=1362.49\text{N}$
（2）计算轴承基本额定动负荷　由于是二班制工作，每年工作 300 天，使用寿命 5 年，所以 $L_h=16\times300\times5\text{h}=24000\text{h}$，查表 12-5[3]，得 $f_t=1$，查表 12-6[1]，得 $f_p=1.5$，所以 $C'=\dfrac{f_p p}{f_t}\times\sqrt[\varepsilon]{\dfrac{60nL_h}{10^6}}=\dfrac{1.5\times1362.49}{1}\times\sqrt[3]{\dfrac{60\times76.37\times24000}{10^6}}\text{N}\approx9606\text{N}$	$C'\approx9606\text{N}$
因为轴承选用 6011 深沟球轴承，查附表-18，得 $C_r=30200\text{N}>9606\text{N}$，故选用 6011 深沟球轴承满足要求。	选用 6011 深沟球轴承
六、键的强度校核计算	
在一般齿轮减速器中，小齿轮一般做成齿轮与轴一体式的，也就是齿轮轴，因此齿轮与轴之间联接就不需要键了，本设计主要以大齿轮与轴之间用键联接为例，对键的强度进行校核计算。	
（1）键的选择　根据 $d=60\text{mm}$，查附表-14，选择圆头普通平键型号为键 18×56（GB/T 1095—2003）。	
（2）校核键的强度　键的工作长度： $l=L-b=(56-18)\text{mm}=38\text{mm}$	$l=38\text{mm}$

计算及说明	结果
校核键的挤压强度条件： $\sigma_p = \frac{4000T}{dhl} = \frac{4000 \times 430.193}{65 \times 11 \times 38}\text{MPa} = 63.33\text{MPa} < [\sigma_p] = 100\text{MPa}$ 校核键的剪切强度条件： $\tau = \frac{2000T}{dbl} = \frac{2000 \times 430.193}{65 \times 18 \times 38} = 19.35\text{MPa} < [\tau] = 87\text{MPa}$ 所以键的强度足够，选用键 18 × 56（GB/T 1095—2003）满足要求。	$\sigma_p = =63.33\text{MPa}$ $\tau = 19.35\text{MPa}$ 选用键 18 × 56（GB/T 1095—2003）
七、减速器箱体的设计 按表进行计算（略）。	
八、减速器的润滑 由于齿轮的圆周速度 $v = 1.34\text{m/s} < 12\text{m/s}$，故齿轮采用浸油润滑，查附表-29 选用 L—AN22 型号润滑油。 由于 $d \cdot n = 55 \times 76.34 \approx 4.2 \times 10^3 < 2 \times 10^5$，故轴承采用润滑脂润滑，查附表 30 选用 ZG—3 型号润滑脂润滑。	齿轮选用 L—AN22 型号润滑油润滑 轴承选用 ZG—3 型号润滑脂润滑

附　录

附表-1　图纸幅面和图样比例

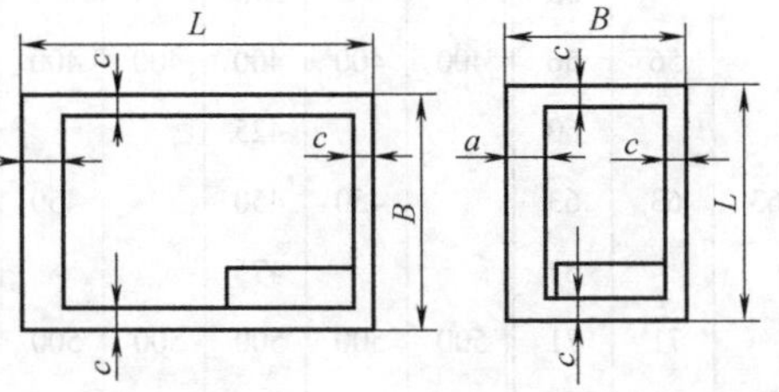

留装订边

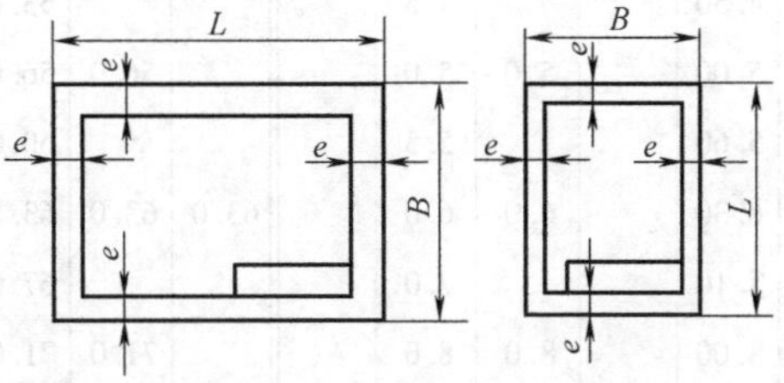

不留装订边

图纸幅面（摘自 GB/T 14689—2008）（单位：mm）							图样比例（摘自 GB/T 14690—1993）		
基本幅面（第一选择）					加长幅面（第二选择）		原值比例	缩小比例	放大比例
幅面代号	$B\times L$	a	c	e	幅面代号	$B\times L$	原值比例	缩小比例	放大比例
A0	841×1189	25	10	20	A3×3	420×891	1:1	1:2　$1:2\times10^n$ 1:5　$1:5\times10^n$ 1:10　$1:10\times10^n$	5:1　$5\times10^n:1$ 2:1　$2\times10^n:1$ $1\times10^n:1$
A1	594×841				A3×4	420×1189			
A2	420×594		5	10	A4×3	297×630		必要时允许选取 1:1.5　$1:1.5\times10^n$ 1:2.5　$1:2.5\times10^n$ 1:3　$1:3\times10^n$ 1:4　$1:4\times10^n$ 1:6　$1:6\times10^n$	必要时允许选取 4:1　$4\times10^n:1$ 2.5:1　$2.5\times10^n:1$
A3	297×420				A4×4	297×841			
A4	210×297				A4×5	297×1051			

注：1. n 为正整数。

2. 加长幅面的图框尺寸按比所选用的基本幅面大一号的图框尺寸确定。

附表-2 标准尺寸（直径、长度、高度等）（摘自 GB/T 2822—2005）（单位：mm）

R			R′			R			R′			R			R′		
R10	R20	R40	R'_{10}	R'_{20}	R'_{40}	R10	R20	R40	R'_{10}	R'_{20}	R'_{40}	R10	R20	R40	R'_{10}	R'_{20}	R'_{40}
2.50	2.50		2.5	2.5		40.0	40.0	40	40	40	40		280	280		280	280
	2.80			2.8				42.5			42			300			300
3.15	3.15		3.0	3.0			45.0	45.0		45	45	315	315	315	320	320	320
	3.55			3.5				47.5			48			335			340
4.00	4.00		4.0	4.0		50.0	50.0	50.0	50	50	50		355	355		360	360
	4.50			4.5				53.0			53			375			380
5.00	5.00		5.0	5.0			56.0	56.0		56	56	400	400	400	400	400	400
	5.60			5.5				60.0			60			425			420
6.30	6.30		6.0	6.0		63.0	63.0	63.0	63	63	63		450	450		450	450
	7.10			7.0				67.0			67			475			480
8.00	8.00		8.0	8.0			71.0	71.0		71	71	500	500	500	500	500	500
	9.00			9.0				75.0			75			530			530
10.0	10.0		10.0	10.0		80.0	80.0	80.0	80	80	80		560	560		560	560
	11.2			11				85.0			85			600			600
12.5	12.5	12.5	12	12	12		90.0	90.0		90	90	630	630	630	630	630	630
		13.2			13			95.0			95			670			670
	14.0	14.0		14	14	100	100	100	100	100	100		710	710		710	710
		15.0			15			106			105			750			750
16.0	16.0	16.0	16	16	16		112	112		110	110	800	800	800	800	800	800
		17.0			17			118			120			850			850
	18.0	18.0		18	18	125	125	125	125	125	125		900	900		900	900
		19.0			19			132			130			950			950
20.0	20.0	20.0	20	20	20		140	140		140	140	1000	1000	1000	1000	1000	1000
		21.2			21			150			150			1060			
	22.4	22.4		22	22	160	160	160	160	160	160		1120	1120			
		23.6			24			170			170			1180			
25.0	25.0	25.0	25	25	25		180	180		180	180	1250	1250	1250			
		26.5			26			190			190			1320			
	28.0	28.0		28	28	200	200	200	200	200	200		1400	1400			
		30.0			30			212			210			1500			
31.5	31.5	31.5	32	32	32		224	224		220	220	1600	1600	1600			
		33.5			34			236			240			1700			
	35.5	35.5		36	36	250	250	250	250	250	250		1800	1800			
		37.5			38			265			260			1900			

注：1. 选择系列及单个尺寸时，应首先在优先系数 R 系列中选用标准尺寸，选用顺序为 R10、R20、R40。如果必须将数值圆整，则可在相应的 R′系列中选用标准尺寸。

2. 本标准适用于有互换性或系列化要求的主要尺寸（如安装尺寸、联接尺寸、有公差要求的配合尺寸等）。

附表-3　中心孔表示方法（摘自 GB/T 4459.5—1999）

标注示例	解　释	标注示例	解　释
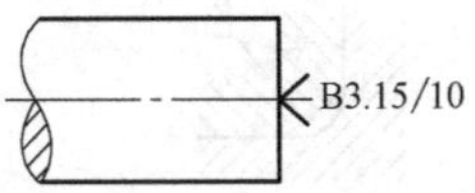	B 型中心孔 $d=3.15$，$D_1=10$ 成品零件保留中心孔	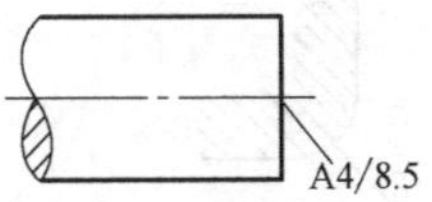	A 型中心孔 $d=4$，$D=8.5$ 成品零件不保留中心孔
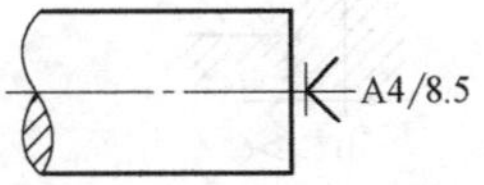	A 型中心孔 $d=4$，$D=8.5$ 成品零件是否保留中心孔均可	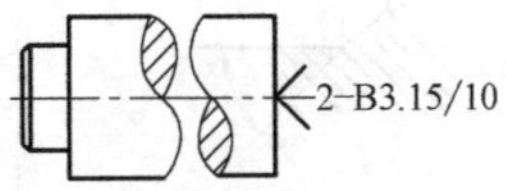	同一轴的两端中心孔相同，可只在其一端标注，并注出数量

附表-4　中心孔（摘自 GB/T 145—2001）　（单位：mm）

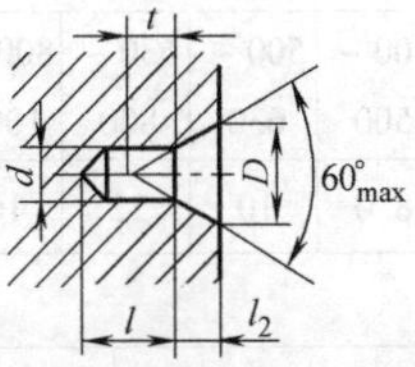

A型
不带护锥中心孔

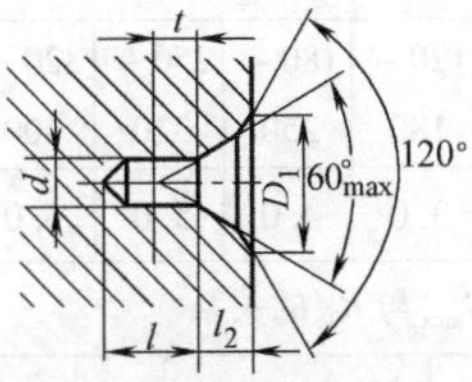

B型
带护锥中心孔

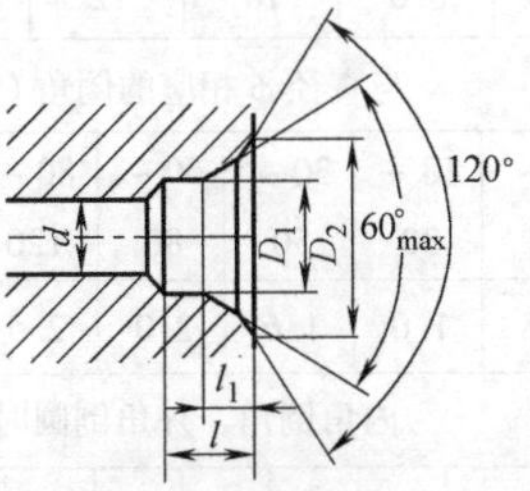

C型
带螺纹的中心孔

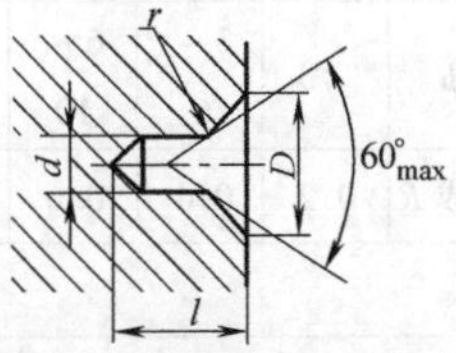

R型
弧形中心孔

d	D，D_1		l_2（参考）		t（参考）	l_{min}	r_{max}	r_{min}	d	D_1	D_3	l	l_1（参考）	选择中心孔的参考数据		
A、B 型 R 型	A 型 R 型	B 型	A 型	B 型	A 型 B 型	R 型			C 型					原料端部最小直径 D_0	轴状原料最大直径 D_c	工件最大质量 /t
1.6	3.35	5.00	1.52	1.99	1.4	3.5	5.00	4.00								
2.00	4.25	6.30	1.95	2.54	1.8	4.4	6.30	5.00						8	>10 ~ 18	0.12
2.50	5.30	8.00	2.42	3.20	2.2	5.5	8.00	6.30						10	>18 ~ 30	0.2
3.15	6.70	10.00	3.07	4.03	2.8	7.0	10.00	8.00	M3	3.2	5.8	2.6	1.8	12	>30 ~ 50	0.5
4.00	8.50	12.50	3.90	5.05	3.5	8.9	12.50	10.00	M4	4.3	7.4	3.2	2.1	15	>50 ~ 80	0.8
(5.00)	10.60	16.00	4.85	6.41	4.4	11.2	16.00	12.50	M5	5.3	8.8	4.0	2.4	20	>80 ~ 120	1
6.30	13.20	18.00	5.98	7.36	5.5	14.0	20.00	16.00	M6	6.4	10.5	5.0	2.8	25	>120 ~ 180	1.5
(8.00)	17.00	22.40	7.79	9.36	7.0	17.9	25.00	20.00	M8	8.4	13.2	6.0	3.3	30	>180 ~ 220	2
10.00	21.20	28.00	9.70	0.66	8.7	22.5	31.50	25.00	M10	10.5	16.3	7.5	3.8	35	>180 ~ 220	2.5
									M12	13.0	19.8	9.5	4.4	42	>220 ~ 260	3

注：1. A 型和 B 型中心孔的尺寸 l 取决于中心钻的长度，此值不应小于 t 值。
2. 括号内的尺寸尽量不采用。
3. 选择中心孔的参考数值不属 GB/T 145—2001 内容，仅供参考。

附表-5　零件倒圆与倒角（摘自 GB/T 6403.4—2008）　（单位：mm）

倒圆、倒角形式	内角、外角分别为倒圆、倒角（45°）的四种装配形式
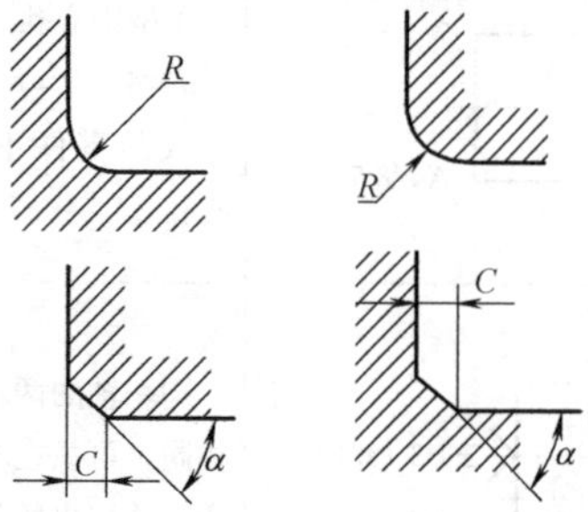	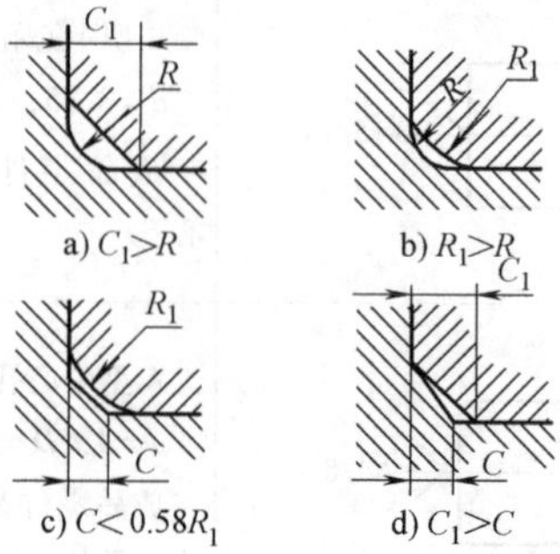

倒圆、倒角尺寸

R 或 C												
0.1	0.2	0.3	0.4	0.5	0.6	0.8	1.0	1.2	1.6	2.0	2.5	3.0
4.0	5.0	6.0	8.0	10	12	16	20	25	32	40	50	—

与直径 ϕ 相应的倒角 C、倒圆 R 的推荐值

ϕ	<3	3~6	6~10	10~18	18~30	30~50	50~80	80~120	120~180	180~250	250~320	320~400	400~500	500~630	630~800	800~1000
C 或 R	0.2	0.4	0.6	0.8	1.0	1.6	2.0	2.5	3.0	4.0	5.0	6.0	8.0	10	12	16

内角倒角，外角倒圆时 C_{max} 与 R_1 的关系

R_1	0.1	0.2	0.3	0.4	0.5	0.6	0.8	1.0	1.2	1.6	2.0	2.5	3.0	4.0	5.0	6.0	8.0	10	12	16	20	25
C_{max} ($C>0.58R_1$)	—	0.1		0.2		0.3	0.4	0.5	0.6	0.8	1.0	1.2	1.6	2.0	2.5	3.0	4.0	5.0	6.0	8.0	10	12

注：α 一般采用 45°，也可采用 30°或 60°。

附表-6　轴的极限偏差值（摘自 GB/T 1800.1—2009）　（单位：μm）

基本尺寸/mm		基本偏差数值（上极限偏差 ES）											
		所有标准公差等级											
大于	至	a	b	c	cd	d	e	ef	f	fg	g	h	js
—	3	-270	-140	-60	-34	-20	-14	-10	-6	-4	-2	0	偏差 = $\pm\frac{IT_n}{2}$ 式中 IT_n 是 IT 值
3	6	-270	-140	-70	-46	-30	-20	-14	-10	-6	-4	0	
6	10	-280	-150	-80	-56	-40	-25	-18	-13	-8	-5	0	
10	14	-290	-150	-95		-50	-32		-16		-6	0	
14	18												
18	24	-300	-160	-110		-65	-40		-20		-7	0	
24	30												
30	40	-310	-170	-120		-80	-50		-25		-9	0	
40	50	-320	-180	-130									
50	65	-340	-190	-140		-100	-60		-30		-10	0	
65	80	-360	-200	-150									

（续）

基本尺寸/mm		基本偏差数值（上极限偏差 ES）											
		所有标准公差等级											
大于	至	a	b	c	cd	d	e	ef	f	fg	g	h	js
80	100	−380	−220	−170		−120	−72		−36		−12	0	
100	120	−410	−240	−180									
120	140	−460	−260	−200		−145	−85		−43		−14	0	
140	160	−520	−280	−210									
160	180	−580	−310	−230									
180	200	−660	−340	−240		−170	−100		−50		−15	0	
200	225	−740	−350	−260									
225	250	−820	−420	−280									
250	280	−920	−480	−300		−190	−110		−56		−17	0	
280	315	−1050	−540	−330									
315	355	−1200	−600	−360		−210	−125		−62		−18	0	
355	400	−1350	−680	−400									
400	450	−1500	−760	−440		−230	−135		−68		−20	0	
450	500	−1650	−840	−480									偏差 = $\pm\frac{IT_n}{2}$ 式中 IT_n 是 IT 值
500	560					−260	−145		−76		−22	0	
560	630												
630	710					−290	−160		−80		−24	0	
710	800												
800	900					−320	−170		−86		−26	0	
900	1000												
1000	1120					−350	−195		−98		−28	0	
1120	1250												
1250	1400					−390	−220		−110		−30	0	
1400	1600												
1600	1800					−430	−240		−120		−32	0	
1800	2000												
2000	2240					−480	−260		−130		−24	0	
2240	2500												
2500	2800					−520	−290		−145		−38	0	
2800	3150												

附表-7 孔的极限偏差值（摘自 GB/T 1800.1—2009）（单位：μm）

公称尺寸/mm 大于	公称尺寸/mm 至	基本偏差数值 下极限偏差值 EI 所有标准公差等级 A	B	C	CD	D	E	EF	F	FG	G	H	JS	上极限偏差值 ES J IT6	J IT7	J IT8	K ≤IT8	K >IT8	M ≤IT8	M >IT8	N ≤IT8	N >IT8	P 至 ZC ≤IT7
—	3	+270	140	+60	+34	+20	+14	+10	+6	+4	+2	0	偏差 = $\pm\frac{IT_n}{2}$ 式中 IT_n 是 IT 值	+2	+4	+6	0	0	-2	-2	-4	-4	在大于 IT7 的相应数值上增加一个 Δ 值
3	6	+270	+140	+70	+46	+30	+20	+14	+10	+6	+4	0		+5	+6	+10	-1+Δ		-4+Δ	-4	-8+Δ	0	
6	10	+280	+150	+80	+56	+40	+25	+18	+13	+8	+5	0		+5	+8	+12	-1+Δ		-6+Δ	-6	-10+Δ	0	
10	14	+290	+150	+95		+50	+32		+16		+6	0		+6	+10	+15	-1+Δ		-7+Δ	-7	-12+Δ	0	
14	18																						
18	24	+300	+160	+110		+65	+40		+20		+7	0		+8	+12	+20	-2+Δ		-8+Δ	-8	-15+Δ	0	
24	30																						
30	40	+310	+170	+120		+80	+50		+25		+9	0		+10	+14	+24	-2+Δ		-9+Δ	-9	-17+Δ	0	
40	50	+320	+180	+130																			
50	65	+340	+190	+140		+100	+60		+30		+10	0		+13	+18	+28	-2+Δ		-11+Δ	-11	-20+Δ	0	
65	80	+360	+200	+150																			
80	100	+380	+220	+170		+120	+72		+36		+12	0		+16	+22	+34	-3+Δ		-13+Δ	-13	-23+Δ	0	
100	120	+410	+240	+180																			
120	140	+460	+260	+200		+145	+85		+43		+14	0		+18	+26	+41	-3+Δ		-15+Δ	-15	-27+Δ	0	
140	160	+520	+280	+210																			
160	180	+580	+310	+230																			
180	200	+660	+340	+240		+170	+100		+50		+15	0		+22	+30	+47	-4+Δ		-17+Δ	-17	-31+Δ	0	
200	225	+740	+380	+260																			
225	250	+820	+420	+280																			
250	280	+920	+480	+300		+190	+110		+56		+17	0		+25	+36	+55	-4+Δ		-20+Δ	-20	-34+Δ	0	
280	315	+1050	+540	+330																			

（续）

公称尺寸/mm		基本偏差数值																					
		下极限偏差值 EI												上极限偏差值 ES									
		所有标准公差等级												IT6	IT7	IT8	≤IT8	>IT8	≤IT8	>IT8	≤IT8	>IT8	≤IT7
大于	至	A	B	C	CD	D	E	EF	F	FG	G	H	JS	J			K		M		N		P 至 ZC
315	355	+1200	+600	+360		+210	+125		+62		+18	0		+29	+39	+60	−4+Δ		−21+Δ	−21	−37+Δ	0	
355	400	+1350	+680	+400																			
400	450	+1500	+760	+440		+230	+135		+68		+20	0		+33	+43	+66	−5+Δ		−23+Δ	−23	−40+Δ	0	
450	500	+1650	+840	+480																			
500	560					+260	+145		+76		+22	0					0		−26		−44		
560	630																						
630	710					+290	+160		+80		+24	0					0		−30		−56		
710	800																						
800	900					+320	+170		+86		+26	0	偏差 = $\pm\frac{IT_n}{2}$ 式中 IT_n 是 IT 值				0		−34		−56		在大于 IT7 的相应数值上增加一个 Δ 值
900	1000																						
1000	1120					+350	+195		+98		+28	0					0		−40		−66		
1120	1250																						
1250	1400					+390	+220		+110		+30	0					0		−48		−78		
1400	1600																						
1600	1800					+430	+240		+120		+32	0					0		−58		−92		
1800	2000																						
2000	2240					+480	+260		+130		+34	0					0		−68		−110		
2240	2500																						
2500	2800					+520	+290		+145		+38	0					0		−76		−135		
2800	3150																						

附表-8 Y系列三相异步电动机型号与技术数据

电动机型号	额定功率/kW	满载转速/(r·min^{-1})	堵转转矩/额定转矩	最大转矩/额定转矩
同步转速3000r/min，2极				
Y801-2	0.75	2825	2.2	2.2
Y802-2	1.1	2825	2.2	2.2
Y90S-2	1.5	2840	2.2	2.2
Y90L-2	2.2	2840	2.2	2.2
Y100L-2	3	2880	2.2	2.2
Y112M-2	4	2890	2.2	2.2
Y132S1-2	5.5	2920	2.0	2.2
Y132S2-2	7.5	2920	2.0	2.2
Y160M1-2	11	2920	2.0	2.2
Y160M2-2	15	2930	2.0	2.2
Y160L-2	18.5	2930	2.0	2.2
Y180M-2	22	2940	2.0	2.2
Y200L1-2	30	2950	2.0	2.2
Y200L2-2	37	2950	2.0	2.2
Y225M-2	45	2970	2.0	2.2
Y250M-2	55	2970	2.0	2.2
同步转速1000r/min，6极				
Y90S-6	0.75	910	2.0	2.0
Y90L-6	1.1	910	2.0	2.0
Y100L-6	1.5	940	2.0	2.0
Y112M-6	2.2	940	2.0	2.0
Y132S-6	3	960	2.0	2.0
Y132M1-6	4	960	2.0	2.0
Y132M2-6	5.5	960	2.0	2.0
Y160M-6	7.5	970	2.0	2.0
Y160L-6	11	970	2.0	2.0
Y180L-6	15	970	2.0	2.0
Y200L1-6	18.5	970	1.8	2.0
Y200L2-6	22	970	1.8	2.0
Y225M-6	30	980	1.7	2.0
Y250M-6	37	980	1.8	2.0
Y280S-6	45	980	1.8	2.0
Y280M-6	55	980	1.8	2.0
同步转速1500r/min，4极				
Y801-4	0.55	1390	2.2	2.2
Y802-4	0.75	1390	2.2	2.2
Y90S-4	1.1	1400	2.2	2.2
Y90L-4	1.5	1400	2.2	2.2
Y100L1-4	2.2	1420	2.2	2.2
Y100L2-4	3	1420	2.2	2.2
Y112M-4	4	1440	2.2	2.2
Y132S-4	5.5	1440	2.2	2.2
Y132M-4	7.5	1440	2.2	2.2
Y160M-4	11	1460	2.2	2.2
Y160L-4	15	1460	2.2	2.2
Y180M-4	18.5	1470	2.0	2.2
Y180L-4	22	1470	2.0	2.2
Y200L-4	30	1470	2.0	2.2
Y225S-4	37	1480	1.9	2.2
Y225M-4	45	1480	1.9	2.2
Y250M-4	55	1480	2.0	2.2
Y280S-4	75	1480	1.9	2.2
Y280M-4	90	1480	1.9	2.2
同步转速750r/min，8极				
Y132S-8	2.2	710	2.0	2.0
Y132M-8	3	710	2.0	2.0
Y160M1-8	4	720	2.0	2.0
Y160M2-8	5.5	720	2.0	2.0
Y160L-8	7.5	720	2.0	2.0
Y180L-8	11	730	1.7	2.0
Y200L-8	15	730	1.8	2.0
Y225S-8	18.5	730	1.7	2.0
Y225M-8	22	730	1.8	2.0
Y250M-8	30	730	1.8	2.0
Y280S-8	37	740	1.8	2.0
Y280M-8	45	740	1.8	2.0
Y315S-8	55	740	1.6	2.0

注：电动机型号意义：以Y132S2-2-B3为例，Y表示系列代号；132表示机座中心高；S表示短机座，第二种铁心长度（M—中机座，L—长机座），2为电动机的极数；B3表示安装形式。

附表-9　Y 系列电动机安装代号

安装形式	基本安装形	由 B3 派生安装形				
	B3	V5	V6	B6	B7	B8
示意图	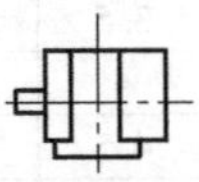	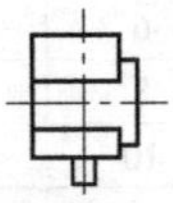	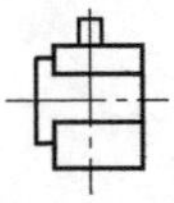		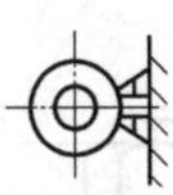	
中心高/mm	80～280	80～160				
安装形式	基本安装形	由 B5 派生安装形		基本安装形	由 B35 派生安装形	
	B5	V1	V3	B35	V15	V36
示意图	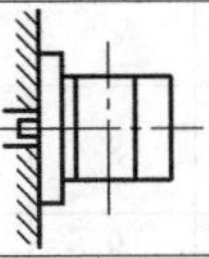	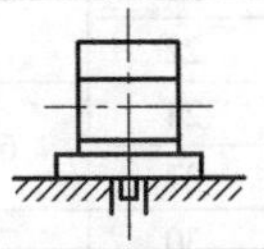	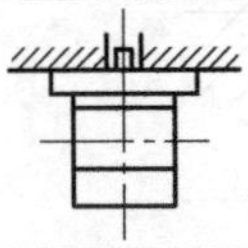	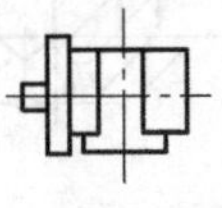	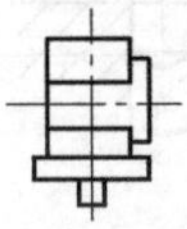	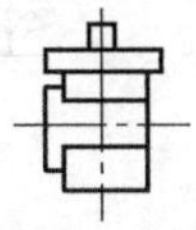
中心高/mm	80～225	80～280	80～160	80～280	80～160	

附表-10　Y 系列电动机安装及外形尺寸　（单位：mm）

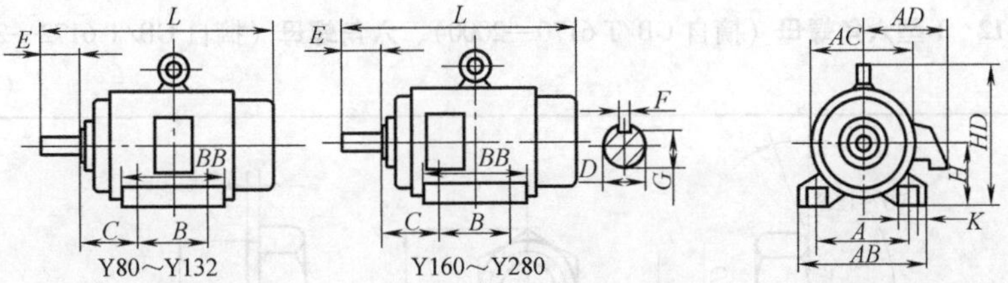

机座号	极数	*A*	*B*	*C*	*D*		*E*	*F*	*G*	*H*	*K*	*AB*	*AC*	*AD*	*HD*	*BB*	*L*
80	2,4	125		50	19	+0.009 −0.004	40	6	15.5	80	10	165	165	150	170	130	285
90S	2,4,6	140	100	56	24		50	8	20	90		180	175	155	190		310
90L			125													155	335
100L		160		63	28		60		24	100	12	205	205	180	245	170	380
112M		190	140	70						112		245	230	190	265	180	400
132S	2,4,6,8	216		89	38	+0.018 +0.002	80	10	33	132		280	270	210	315	200	475
132M			178													238	515
160M		254	210	108	42		110	12	37	160	15	330	325	255	385	270 314	600 645
160L			254													311	670
180M		279	241	121	48			14	42.5	180		355	360	285	430	349	710
180L			279														
200L		318	305	133	55			16	49	200	19	395	400	310	475	379	775
225S	4,8	356	286	149	60	+0.030 +0.011	140	18	53	225		435	450	345	530	368	820
225M	2		311		55		110	16	49							393	815
	4,6,8				60		140	18	53								845
250M	2	406	349	168						250		490	495	385	575	455	930
	4,6,8				65				58								
280S	2	457	368	190							24	550	555	410	640	530	1000
	4,6,8				75			20	67.5	280							
280M	2		419		65			18	58							581	1050
	4,6,8				75			20	67.5								

注：该表为机座带底脚，端盖无凸缘（B3，B6，B7，B8，V5，V6 型）数据。

附表-11　普通粗牙螺纹的余留长度、钻孔余留深度 （单位：mm）

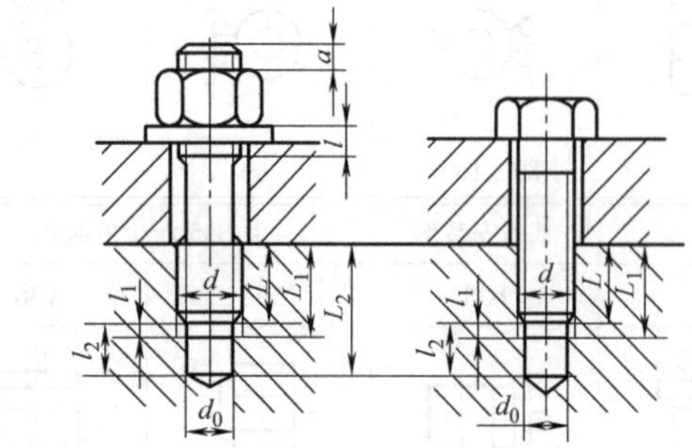

螺纹直径	余留长度			末端长度 a
	内螺纹	外螺纹	钻孔	
d	l_1	L	l_2	
6	2	3.5	6	1.5～2.5
8	2.5	4	8	
10	3	4.5	9	2～3
12	3.5	5.5	11	
14	4	6	12	2.5～4
16				
18	5	7	15	
20				
22				
24	6	8	18	3～5
27				
30	7	9	21	
36	8	10	24	4～7
42	9	11	27	

注：拧入深度 L 由设计者决定。钻孔深度 $L_2 = L + l_2$，螺孔深度 $L_1 = L + l_1$。

附表-12　I 型六角螺母（摘自 GB/T 6170—2000）、**六角螺母**（摘自 GB/T 6172—2000）

（单位：mm）

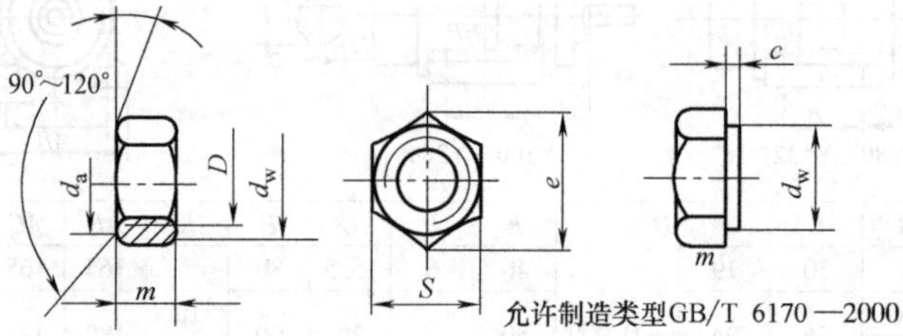

允许制造类型GB/T 6170—2000

标记示例：

螺纹规格 D = M12，性能等级为 10 级，不经表面处理，A 级的I型六角螺母：螺母 M12 GB/T 6170

螺纹规格 D = M12，性能等级为 04 级，不经表面处理，A 级的六角薄螺母：螺母 M12 GB/T 6172

螺纹规格 D		M3	M4	M5	M6	M8	M10	M12	(M14)	M16	(M18)	M20	(M22)	M24	(M27)	M30	M36
d_a	max	3.45	4.6	5.75	6.75	8.75	10.8	13	15.1	17.3	19.5	21.6	23.7	25.9	29.1	32.4	38.9
d_w	min	4.6	5.9	6.9	8.9	11.6	14.6	16.6	19.6	22.5	24.8	27.7	31.4	33.2	38	42.7	51.1
e	min	6.01	7.66	8.79	11.05	14.38	17.77	20.03	23.35	26.75	29.56	32.95	37.29	39.55	45.2	50.85	60.79
S	max	5.5	7	8	10	13	16	18	21	24	27	30	34	36	41	46	55
c	max	0.4	0.4	0.5	0.5	0.6	0.6	0.6	0.6	0.8	0.8	0.8	0.8	0.8	0.8	0.8	0.8
m max	六角螺母	2.4	3.2	4.7	5.2	6.8	8.4	10.8	12.8	14.8	15.8	18	19.4	21.5	23.8	25.6	31
	薄螺母	1.8	2.2	2.7	3.2	4	5	6	7	8	9	10	11	12	13.5	15	18

技术条件	材料	机械性能等级	螺纹公差	表面处理	公差产品等级
	钢	6，8，10	6H	不经处理 电镀或协议	A 级用于 $D \leq$ M16 B 级用于 $D >$ M16

注：尽可能不采用括号内的规格。

附表-13　标准型（或轻型）弹簧垫圈（摘自 GB/T 93—1987）或（摘自 GB/T 859）

（单位：mm）

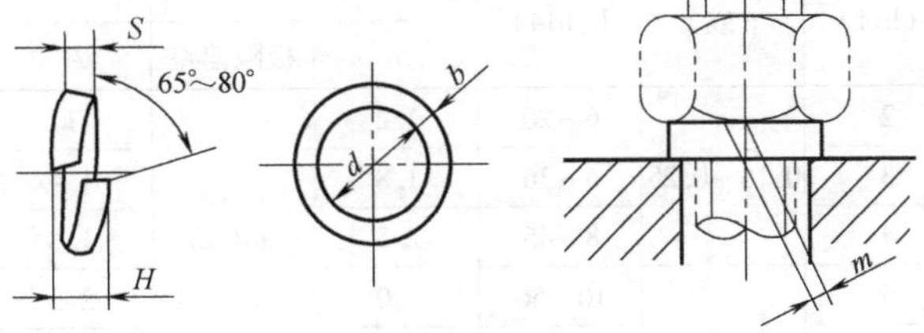

标记示例：

规格 16mm，材料为 65Mn，表面氧化的标准型（或轻型）弹簧垫圈：垫圈 GB/T 93 16（或 GB/T 85916）

规格（螺纹大径）			3	4	5	6	8	10	12	(14)	16	(18)	20	(22)	24	(27)	30	(33)	36
GB 93—87	S、(b)	公称	0.8	1.1	1.3	1.6	2.1	2.6	3.1	3.6	4.1	4.5	5.0	5.5	6.0	6.8	7.5	8.5	9
	H	min	1.6	2.2	2.6	3.2	4.2	5.2	6.2	7.2	8.2	9	10	11	12	13.6	15	17	18
		max	2	2.75	3.25	4	5.25	6.5	7.75	9	10.25	11.25	12.5	13.75	15	17	18.75	21.25	22.5
	m	≤	0.4	0.55	0.65	0.8	1.05	1.3	1.55	1.8	2.05	2.25	2.5	2.75	3.0	3.4	3.75	4.25	4.5
GB 859—87	S	公称	0.6	0.8	1.1	1.3	1.6	2	2.5	3	3.2	3.6	4	4.5	5	5.5	6	—	—
	b	公称	1	1.2	1.5	2	2.5	3	3.5	4	4.5	5	5.5	6	7	8	9	—	—
	H	min	1.2	1.6	2.2	2.6	3.2	4	5	6	6.4	7.2	8	9	10	11	12	—	—
		max	1.5	2	2.75	3.25	4	5	6.25	7.5	8	9	10	11.25	12.5	13.75	15	—	—
	m	≤	0.3	0.4	0.55	0.65	0.8	1.0	1.25	1.5	1.6	1.8	2.0	2.25	2.5	2.75	3.0	—	—

注：尽可能不采用括号内的规格。

附表-14　普通平键（摘自 GB/T 1095—2003，GB/T 1096—2003）　（单位：mm）

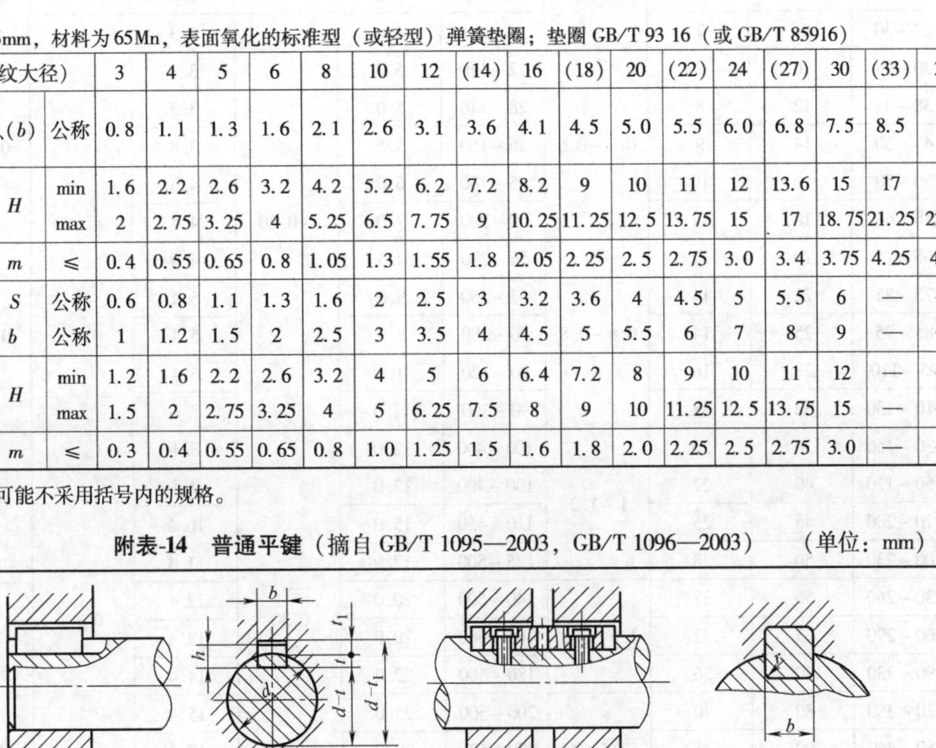

平键 键槽的剖面尺寸(摘自GB/T 1095—2003)

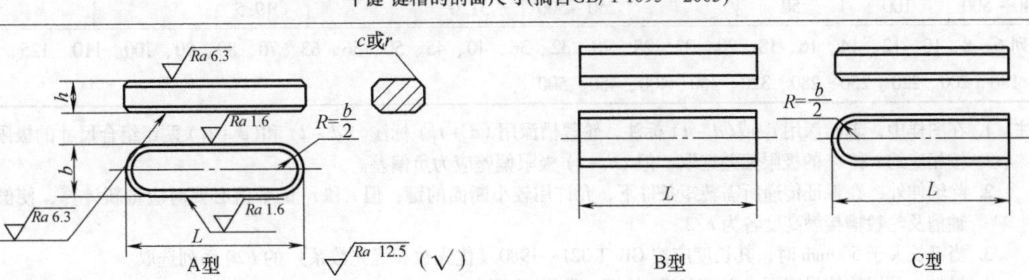

标记示例：

宽度 $b=16$mm、高度 $h=10$mm、长度 $L=100$mm 普通 A 型平键的标记为

CB/T 1096 键 A16×10×100

宽度 $b=16$mm、高度 $h=10$mm、长度 $L=100$mm 普通 B 型平键的标记为

CB/T 1096 键 B16×10×100

宽度 $b=16$mm、高度 $h=10$mm、长度 $L=100$mm 普通 C 型平键的标记为

CB/T 1096 键 C16×10×100

（续）

公称直径 d	键的公称尺寸				键槽				
	b(h8)	h(h11)	c 或 r	L(h14)	轴		毂		半径 r
					t	极限偏差	t_1	极限偏差	
6~8	2	2	0.16~0.25	6~20	1.2	+0.10	1	+0.10	0.08~0.16
>8~10	3	3		6~36	1.8		1.4		
>10~12	4	4		8~45	2.5		1.8		
>12~17	5	5	0.25~0.4	10~56	3.0		2.3		0.16~0.25
>17~22	6	6		14~70	3.5		2.8		
>22~30	8	7		18~90	4.0	+0.20	3.3	+0.20	0.25~0.40
>30~38	10	8	0.4~0.6	22~110	5.0		3.3		
>38~44	12	8		28~140	5.0		3.3		
>44~50	14	9		36~160	5.5		3.8		
>50~58	16	10		45~180	6.0		4.3		
>58~65	18	11		50~200	7.0		4.4		
>65~75	20	12	0.6~0.8	56~220	7.5		4.9		0.40~0.60
>75~85	22	14		63~250	9.0		5.4		
>85~95	25	14		70~280	9.0		5.4		
>95~110	28	16		80~320	10.0		6.4		
>110~130	32	18		90~360	11.0		7.4		
>130~150	36	20	1~1.2	100~400	12.0	0.30	8.4	0.30	0.70~1.0
>150~170	40	22		100~400	13.0		9.4		
>170~200	45	25		110~450	15.0		10.4		
>200~230	50	28		125~500	17.0		11.4		
>230~260	56	32	1.6~2.0	140~500	20.0		12.4		1.2~1.6
>260~290	63	32		160~500	20.0		12.4		
>290~330	70	36		180~500	22.0		14.4		
>330~380	80	40	2.5~3	200~500	25.0		15.4		2.0~2.5
>380~440	90	45		220~500	28.0		17.4		
>440~500	100	50		250~500	31.0		19.5		

L 系列 6、8、10、12、14、16、18、20、22、25、28、32、36、40、45、50、56、63、70、80、90、100、110、125、140、160、180、200、220、250、280、320、360、400、450、500

注：1. 在图样中，轴槽深用 t_1 或($d-t$)标注，轮毂槽深用($d+t_1$)标注。($d-t$)和($d+t_1$)两组组合尺寸的极限偏差按相应的 t 和 t_1 的极限偏差选取，但($d-t$)极限偏差应为负偏差。

2. 除轴伸外，在保证传递所需转矩条件下，允许用较小断面的键，但 t 和 t_1 的数值必要时应重新计算，使键侧与轴槽及轮毂槽接触高度各为 $h/2$。

3. 当键长大于 500mm 时，其长度应按 GB/T 321—1980《优先数和优先数系》的 $R20$ 系列选取。

4. 材料：采用抗拉强度不小于 600MPa 的钢，常用 45 钢。

5. 键高偏差对于 B 型且为方型键时应为 $h9$。平键轴槽长度公差用 $H14$。

6. 键槽表面粗糙度，轴槽、轮毂槽的键槽宽度 b 两侧的表面粗糙度 Ra 值推荐为 1.6~3.2μm，轴槽底面、轮毂槽底面的表面粗糙度 Ra 值为 6.3μm。

7. 轴槽及轮毂槽对轴及轮毂轴线的对称度公差根据不同要求，一般可按 GB/T 1184—1996 对称度公差 7~9 级选取。

8. 键槽宽度 h 公差按有关表选取。

9. 当需要时，键允许带起键螺孔，起键螺孔的尺寸按有关表格选取。

10. 键的技术条件按 GB/T 1568—1997 的规定。

附表-15　联轴器孔和键槽的形式、代号及系列尺寸（摘自 GB/T 3852—2008）

	长圆柱形轴孔（Y型）	有沉孔的短圆柱形轴孔（J型）	无沉孔的短圆柱形轴孔（J_1型）	有沉孔的圆锥形轴孔（Z型）	无沉孔的长圆锥形轴孔（Z_1型）
轴孔					
键槽					

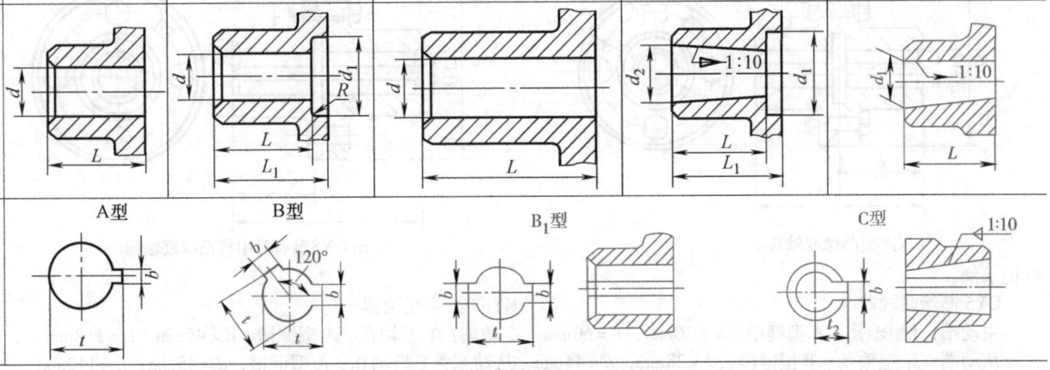

轴孔直径 d（H7）	长度 L Y型轴孔	长度 L J、J_1、Z、Z_1型	L_1	沉孔 d_1	沉孔 R	A型，B型，B_1型键槽 b（P9）公称尺寸	b（P9）极限偏差	t 公称尺寸	t 极限偏差	t_1 公称尺寸	t_1 极限偏差	C型键槽 b6（P9）公称尺寸	b6（P9）极限偏差	t_2 公称尺寸	t_2 极限偏差
16						5		18.3		20.6		3		8.7	
18	42	30	42					20.8		23.6				10.1	
19				38		6	-0.012 -0.042	21.8	+0.1 0	24.6	+0.2 0	4		10.6	
20								22.8		25.3				10.9	
22	52	38	52		1.5			24.8		27.6				11.9	
24								27.3		30.6			-0.012 -0.042	13.4	±0.1
25	62	44	62	48		8		28.3		31.6		5		13.7	
28								31.3		34.6				15.2	
30							-0.015 -0.051	33.3	+0.4 0	36.6	+0.4 0			15.8	
32	82	60	82	55				35.3		38.6				17.3	
35						10		38.3		41.6		6		18.3	
38								41.3		44.6				20.3	
40				65	2	12		43.3		46.6		10	-0.015 -0.051	21.2	
42								45.3		48.6				22.2	
45								48.8		52.6				23.7	
48	112	84	112	80		14	-0.018 -0.061	51.8	+0.4 0	55.6	+0.4 0	12		25.2	
50								53.8		57.6			-0.018 -0.061	26.2	
55				95	2.5	16		59.3		63.6		14		29.2	
56								60.3		64.4				29.7	
60								64.4		68.8				31.7	
63				105		18	-0.018 -0.061	67.4		71.8		16		32.2	
65	142	107	142					69.4		73.8			-0.018 -0.061	34.2	±0.2
70					2.5			74.9		79.8				36.8	
71				120		20		75.9		80.8		18		37.3	
75								79.9	+0.2 0	84.8	+0.4 0			39.3	
80				140		22		85.4		90.8		20		41.6	
85							-0.022 -0.074	90.4		95.8				44.1	
90	172	132	172	160		25		95.5		100.8		22	-0.022 -0.074	47.1	
95					3			100.4		105.8				49.6	
100	212	167	212	180		28		106.4		112.8		25		51.3	
110								116.4		122.8				56.3	

注：1. 圆柱形轴孔与相配轴颈的配合；$d=10\sim30$mm 时为 H7/j6；$d=30\sim50$mm 时为 H7/k6；$d>50$mm 时为 H7/m6，根据使用要求，也可选用 H7/r6 或 H7/n6 配合。

2. 键槽宽度 b 的极限偏差也可采用 JS9 或 D10。

附表-16　凸缘联轴器（摘自 GB/T 5843—2003）

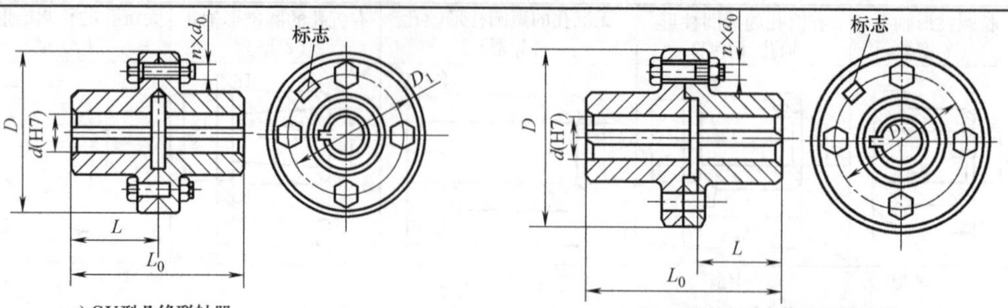

a) GY型凸缘联轴器　　b) GYS型有对中榫凸缘联轴器

标记示例：

GY5 凸缘联轴器

主动端：J 型轴孔、A 型键槽，$d=30$mm，$L=60$mm

从动端：J_1 型轴孔、B 型键槽，$d=28$mm，$L=44$mm

GY5 联轴器 $\frac{J30\times60}{J_1B28\times44}$ GB/T 5843—2003

GYS8 凸缘联轴器

主动端：Y 型轴孔、A 型键槽，$d=45$mm，$L=112$mm

从动端：Y 型轴孔、A 型键槽，$d=45$mm，$L=112$mm

GYS8 联轴器 45×112　GB/T 5843—2003

型号	许用转矩 T_p/(N·m)	许用转速 n_p/($r\cdot min^{-1}$)		轴孔直径 d/mm	轴孔直径 L/mm		D/mm	D_1/mm	螺栓		L_0		质量 m/kg	转动惯量 J/($kg\cdot m^2$)
					Y 型	J,J_1 型			数量	直径 d_0/mm	Y 型	J,J_1 型		
GY1 GYS1	25	12000		12,14	32	27	80	53	3(3)	M6	68	58	1.16	0.0008
				16,18,19	42	30					88	64		
GY2 GYS2	63	10000		16,18,19	42	30	90	64	4(4)	M8	88	64	1.72	0.0015
				20,22,24	52	44					108	80		
				25	62	44					128	92		
GY3 GYS3	112	9500		20,22,24	52	38	100	69	3(3)	M8	108	80	2.38	0.0025
				25,28	62	44					128	92		
GY4 GYS4	224	5700	9000	25,28	62	44	105	80	3(3)	M6	128	92	3.15	0.003
				30,32,35	82	60					168	124		
GY5 GYS5	400	5500	8000	30,32,35,38	82	60	120	85	4(4)	M8	168	124	5.43	0.007
				40,42	112	84					229	173		
GY6 GYS6	900	5200	6800	38	82	60	140	90	4(4)	M8	169	125	7.59	0.015
				40,42,45,48,50	112	84					229	173		
GY7 GYS7	1600	4800	6000	48,50,55,56	112	84	160	95	4(3)	M10	229	173	13.1	0.031
				60,63	142	107					289	219		
GY8 GYS8	3150	4300	4800	60,63,65,70,71,75	142	107	200	105	4(3)	M10	289	219	27.5	0.103
				80	172	132					350	270		
GY9 GYS9	6300	4100	3600	75	142	107	260	115	6(3)	M10	289	219	47.8	0.319
				80,85,90,95	172	132					350	270		
				100	212	167					430	340		
GY10 GYS10	10000	3600	3200	90,95	172	132	300	130	6(4)	M12	350	270	82.0	0.720
				100,110,120,125	212	167					430	340		
GY11 GYS11	25000	3200	2500	120,125	212	167	380	150	8(4)	M12	430	340	162.2	2.278
				130,140,150	252	202					510	410		
				160	302	242					610	490		
GY12 GYS12	50000	2900	2000	150	252	202	460	170	12(6)	M12	510	410	285.6	5.923
				160,170,180	302	242					610	490		
				190,200	352	282					710	570		
GY13 GYS13	100000	2600	1600	190,200,220	352	282	590	185	8(6)	M16	710	570	611.9	19.978
				240,250	410	330					826	666		

注：1. 联轴器质量和转动惯量是按 GY 型联轴器 Y/J_1 轴孔组合和最小轴孔近似计算的。

2. 螺栓数量，括号内为铰制孔用螺栓。

附表-17　弹性柱销联轴器（摘自 GB/T 5014—2003）

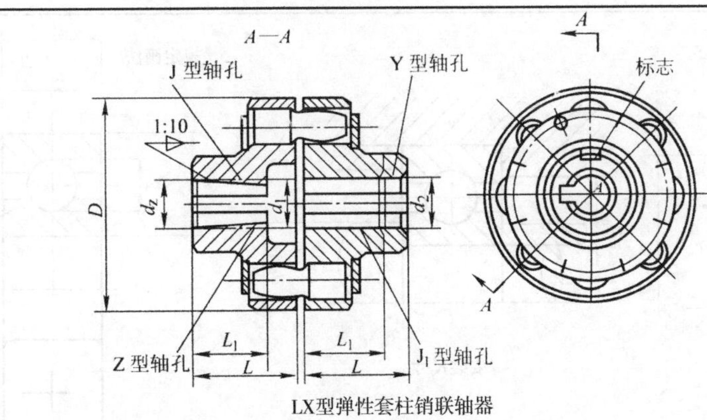

LX型弹性套柱销联轴器

标记示例：

LX6 弹性柱销联轴器

主动端：Y 型轴孔、A 型键槽，$d_1=65\text{mm}$，$L=142\text{mm}$

从动端：Y 型轴孔、A 型键槽，$d_2=65\text{mm}$，$L=142\text{mm}$

LX6 联轴器 65×142 GB/T 5014—2003

型号	许用转矩 T_p/(N·m)	许用转速 n_p/(r·min)$^{-1}$	轴孔直径 d_1/mm、d_2/mm、d_z/mm	轴孔长度 Y型 L/mm	轴孔长度 J、J_1、Z型 L_1/mm	轴孔长度 J、J_1、Z型 L/mm	D/mm	质量 m/kg	转动惯量 J/(kg·m²)	许用相对位移 轴向/mm	许用相对位移 径向/mm	许用相对位移 角向
LX1	250	8500	12,14	32	27	32	90	2	0.002	0.5	0.15	0°30′
			16,18,19	42	30	42						
			20,22,24	52	38	52						
LX2	560	6300	20,22,24	52	38	52	120	5	0.009	1	0.15	0°30′
			25,28	62	44	62						
			30,32,35	82	60	82						
LX3	1250	4750	30,32,35,38	82	60	82	160	8	0.026	1	0.15	0°30′
			40,42,45,48	112	84	112						
LX4	2500	3870	40,42,45,48,50,55,56	112	84	112	195	22	0.109	1.5	0.15	0°30′
			60,63	142	107	142						
LX5	3150	3450	50,55,56	112	84	112	220	30	0.191	1.5	0.15	0°30′
			60,63,65,70,71,75	142	107	142						
LX6	6300	2720	60,63,65,70,71,75,80	142	107	142	280	53	0.543	2	0.20	0°30′
			85	172	132	172						
LX7	11200	2360	70,71,75	142	107	142	320	98	1.314	2	0.20	0°30′
			80,85,90,95	172	132	172						
			100,110	212	167	212						
LX8	16000	2120	80,85,90,95	172	132	172	360	119	2.023	2	0.20	0°30′
			100,110,120,125	212	167	212						

注：1. 表中联轴器质量、转动惯量是近似值。

2. 轴孔型式及长度 L、L_1 可根据需要选取。

附表-18 深沟球轴承（摘自 GB/T 276—2013 摘录）

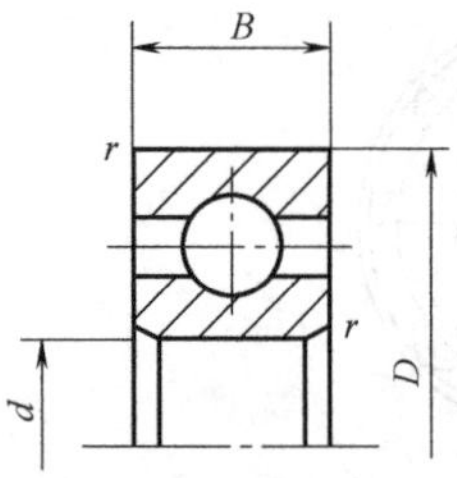

60000型

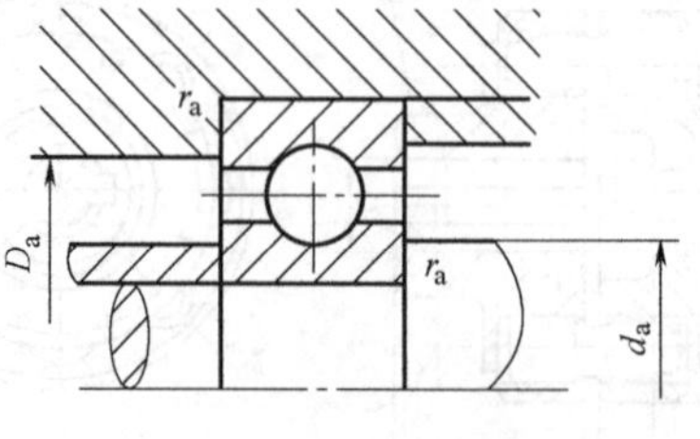

安装尺寸

规定画法

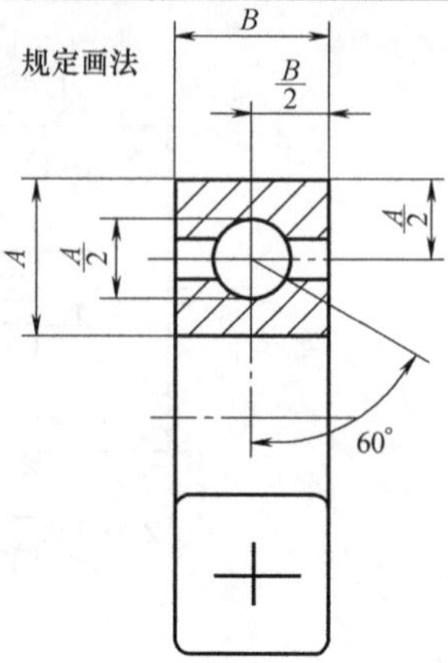

特征画法

标记示例：滚动轴承 G6210 GB/T 276

F_a/C_{or}	e	Y	径向当量动载荷	径向当量静载荷
0.014	0.19	2.30	当$\frac{F_a}{F_r}\leqslant e$，$P_r=F_r$ 当$\frac{F_a}{F_r}>e$，$P_r=0.56F_r+YF_a$	$P_{or}=F_r$ $P_{or}=0.6F_r+0.5F_a$ 取上列两式计算结果的大值
0.028	0.22	1.99		
0.056	0.26	1.71		
0.084	0.28	1.55		
0.11	0.30	1.45		
0.17	0.34	1.31		
0.28	0.38	1.15		
0.42	0.42	1.04		
0.56	0.44	1.00		

轴承代号	基本尺寸/mm				安装尺寸/mm		基本额定动载荷	基本额定静载荷	极限转速 /（$r\cdot min^{-1}$）		原轴承代号
	d	D	B	r_{amin}	d_{amin}	D_{amax}	C_r/kN	C_{or}/kN	脂润滑	油润滑	
（1）0尺寸系列											
6000	10	26	8	0.3	12.4	23.6	4.58	1.98	20 000	28 000	100
6001	12	28	8	0.3	14.4	25.6	5.10	2.38	19 000	26 000	101
6002	15	32	9	0.3	17.4	29.6	5.58	2.85	18 000	23 000	102
6003	17	35	10	0.3	19.4	32.6	6.00	3.25	17 000	22 000	103
6004	20	42	12	0.6	25	37	9.38	5.02	15 000	19 000	104
6005	25	47	12	0.6	30	42	10.0	5.85	13 000	17 000	105
6006	30	55	13	1	36	49	13.2	8.30	10 000	14 000	106
6007	35	62	14	1	41	56	16.2	10.5	9 000	12 000	107
6008	40	68	15	1	46	62	17.0	11.8	8 500	11 000	108
6009	45	75	16	1	51	69	21.0	14.8	8 000	10 000	109
6010	50	80	16	1	56	74	22.0	16.2	7 000	9 000	110
6011	55	90	18	1.1	62	83	30.2	21.8	6 300	8 000	111
6012	60	95	18	1.1	67	88	31.5	24.2	6 000	7 500	112
6013	65	100	18	1.1	72	93	32.0	24.8	5 600	7 000	113
6014	70	110	20	1.1	77	103	38.5	30.5	5 300	6 700	114
6015	75	115	20	1.1	82	108	40.2	33.2	5 000	6 300	115

（续）

轴承代号	基本尺寸/mm				安装尺寸/mm		基本额定动载荷 C_r/kN	基本额定静载荷 C_{or}/kN	极限转速/$(r \cdot min^{-1})$		原轴承代号
	d	D	B	r_{amin}	d_{amin}	D_{amax}			脂润滑	油润滑	
(1) 0尺寸系列											
6016	80	125	22	1.1	87	118	47.5	39.8	4 800	6 000	116
6017	85	130	22	1.1	92	123	50.8	42.8	4 500	5 600	117
6018	90	140	24	1.5	99	131	58.0	49.8	4 300	5 300	118
6019	95	145	24	1.5	104	136	57.8	50.0	4 000	5 000	119
6020	100	150	24	1.5	109	141	64.5	56.2	3 800	4 800	120
(0) 2尺寸系列											
6200	10	30	9	0.6	15	25	5.10	2.38	19 000	26 000	200
6201	12	32	10	0.6	17	27	6.82	3.05	18 000	24 000	201
6202	15	35	11	0.6	20	30	7.65	3.72	17 000	22 000	202
6203	17	40	12	0.6	22	35	9.58	4.78	16 000	20 000	203
6204	20	47	14	1	26	41	12.8	6.65	14 000	18 000	204
6205	25	52	15	1	31	46	14.0	7.88	12 000	16 000	205
6206	30	62	16	1	36	56	19.5	11.5	9 500	13 000	206
6207	35	72	17	1.1	42	65	25.5	15.2	8 500	11 000	207
6208	40	80	18	1.1	47	73	29.5	18.0	8 000	10 000	208
6209	45	85	19	1.1	52	78	31.5	20.5	7 000	9 000	209
6210	50	90	20	1.1	57	83	35.0	23.2	6 700	8 500	210
6211	55	100	21	1.5	64	91	43.2	29.2	6 000	7 500	211
6212	60	110	22	1.5	69	101	47.8	32.8	5 600	7 000	212
6213	65	120	23	1.5	74	111	57.2	40.0	5 000	6 300	213
6214	70	125	24	1.5	79	116	60.8	45.0	4 800	6 000	214
6215	75	130	25	1.5	84	121	66.0	49.5	4 500	5 600	215
6216	80	140	26	2	90	130	71.5	54.2	4 300	5 300	216
6217	85	150	28	2	95	140	83.2	63.8	4 000	5 000	217
6218	90	160	30	2	100	150	95.8	71.5	3 800	4 800	218
6219	95	170	32	2.1	107	158	110	82.8	3 600	4 500	219
6220	100	180	34	2.1	112	168	122	92.8	3 400	4 300	220
(0) 3尺寸系列											
6300	10	35	11	0.6	15	30	7.65	3.48	18 000	24 000	300
6301	12	37	12	1	18	31	9.72	5.08	17 000	22 000	301
6302	15	42	13	1	21	36	11.5	5.42	16 000	20 000	302
6303	17	47	14	1	23	41	13.5	6.58	15 000	19 000	303
6304	20	52	15	1.1	27	45	15.8	7.88	13 000	17 000	304
6305	25	62	17	1.1	32	55	22.2	11.5	10 000	14 000	305
6306	30	72	19	1.1	37	65	27.0	15.2	9 000	12 000	306
6307	35	80	21	1.5	44	71	33.2	19.2	8 000	10 000	307
6308	40	90	23	1.5	49	81	40.8	24.0	7 000	9 000	308
6309	45	100	25	1.5	54	91	52.8	31.8	6 300	8 000	309
6310	50	110	27	2	60	100	61.8	38.0	6 000	7 500	310
6311	55	120	29	2	65	110	71.5	44.8	5 300	6 700	311
6312	60	130	31	2.1	72	118	81.8	51.8	5 000	6 300	312
6313	65	140	33	2.1	77	128	93.8	60.5	4 500	5 600	313
6314	70	150	35	2.1	82	138	105	68.0	4 300	5 300	314
6315	75	160	37	2.1	87	148	112	76.8	4 000	5 000	315

（续）

轴承代号	基本尺寸/mm				安装尺寸/mm		基本额定动载荷 C_r/kN	基本额定静载荷 C_{or}/kN	极限转速 /（$r \cdot min^{-1}$）		原轴承代号
	d	D	B	r_{amin}	d_{amin}	D_{amax}			脂润滑	油润滑	
（0）3 尺寸系列											
6316	80	170	39	2.1	92	158	122	86.5	3 800	4 800	316
6317	85	180	41	3	99	166	132	96.5	3 600	4 500	317
6318	90	190	43	3	104	176	145	108	3 400	4 300	318
6319	95	200	45	3	109	186	155	122	3 200	4 000	319
6320	100	215	47	3	114	201	172	140	2 800	3 600	320
（0）4 尺寸系列											
6403	17	62	17	1.1	24	55	22.5	10.8	11 000	15 000	403
6404	20	72	19	1.1	27	65	31.0	15.2	9 500	13 000	404
6405	25	80	21	1.5	34	71	38.2	19.2	8 500	11 000	405
6406	30	90	23	1.5	39	81	47.5	24.5	8 000	10 000	406
6407	35	100	25	1.5	44	91	56.8	29.5	6 700	8 500	407
6408	40	110	27	2	50	100	65.5	37.5	6 300	8 000	408
6409	45	120	29	2	55	110	77.5	45.5	5 600	7 000	409
6410	50	130	31	2.1	62	118	92.2	55.2	5 300	6 700	410
6411	55	140	33	2.1	67	128	100	62.5	4 800	6 000	411
6412	60	150	35	2.1	72	138	108	70.0	4 500	5 600	412
6413	65	160	37	2.1	77	148	118	78.5	4 300	5 300	413
6414	70	180	42	3	84	166	140	99.5	3 800	4 800	414
6415	75	190	45	3	89	176	155	115	3 600	4 500	415
6416	80	200	48	3	94	186	162	125	3 400	4 300	416
6417	85	210	52	4	103	192	175	138	3 200	4 000	417
6418	90	225	54	4	108	207	192	158	2 800	3 600	418
6420	100	250	58	4	118	232	222	195	2 400	3 200	420

注：1. 表中 C_r 值适用于轴承为真空脱气轴承钢材料。如为普通电炉钢，C_r 值降低；如为真空重熔或电渣重熔轴承钢，C_r 值提高。

2. 表中 r_{amin} 为 r 的单向最小倒角尺寸；r_{amax} 为 r_a 的单向最大倒角尺寸。

附表-19　角接触球轴承（摘自 GB/T 292—2007）

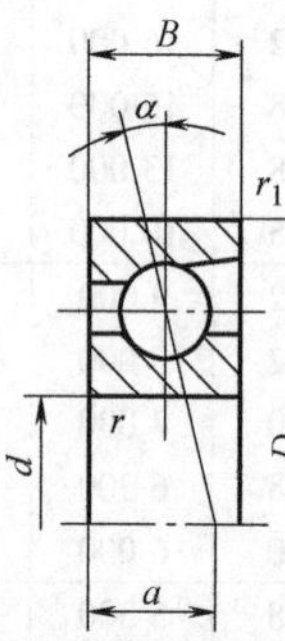

7000C(AC型)

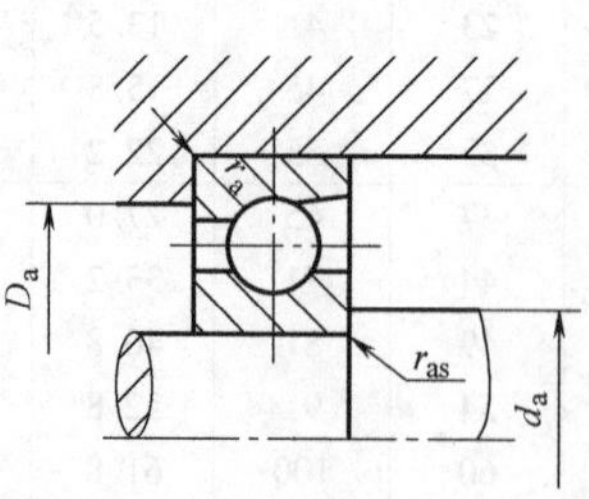

安装尺寸

标记示例：滚动轴承7210C GB/T 292

规定画法

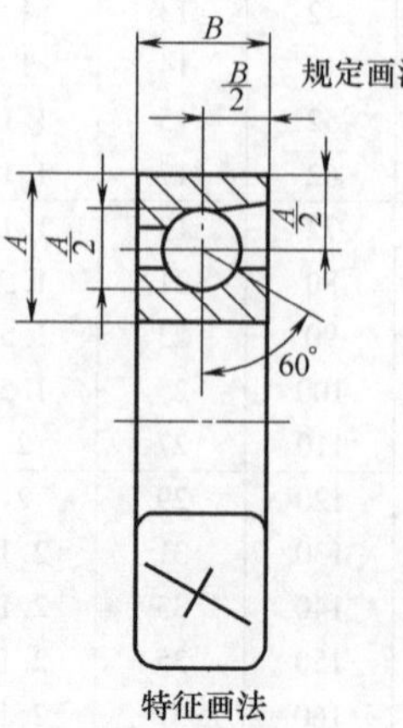

特征画法

（续）

iF_a/C_{or}	e	Y	7000C 型	7000AC 型
0.015	0.38	1.47	径向当量动载荷	径向当量动载荷
0.029	0.40	1.40	当 $F_a/F_r \leqslant e$，$P_r = F_r$	当 $F_a/F_r \leqslant 0.68$，$P_r = F_r$
0.058	0.43	1.30		
0.087	0.46	1.23	当 $F_a/F_r > e$，$P_r = 0.44F_r + YF_a$	当 $F_a/F_r > 0.68$，$P_r = 0.41F_r + 0.87F_a$
0.12	0.47	1.19		
0.17	0.50	1.12	径向当量静载荷	径向当量静载荷
0.29	0.55	1.02	$P_{or} = 0.5F_r + 0.46F_a$	$P_{or} = 0.5F_r + 0.38F_a$
0.44	0.56	1.00	$P_{or} = F_r$	$P_{or} = F_r$
0.58	0.56	1.00	取上列两式计算结果的大值	取上列两式计算结果的大值

轴承代号		基本尺寸/mm					安装尺寸/mm			7000C（$\alpha=15°$）			7000AC（$\alpha=25°$）			极限转速 /（$r \cdot min^{-1}$）		原轴承代号	
		d	D	B	r_a	r_1	d_a	D_a	r_{as}	a/mm	基本额定 动载荷 C_r/kN	基本额定 静载荷 C_{or}/kN	a/mm	基本额定 动载荷 C_r/kN	基本额定 静载荷 C_{or}/kN	脂润滑	油润滑		
					min		/mm	max											
（1）0 尺寸系列																			
7000C	7000AC	10	26	8	0.3	0.15	12.4	23.6	0.3	6.4	4.92	2.25	8.2	4.75	2.12	19 000	28 000	36 100	46 100
7001C	7001AC	12	28	8	0.3	0.15	14.4	25.6	0.3	6.7	5.42	2.65	8.7	5.20	2.55	18 000	26 000	36 101	46 101
7002C	7002AC	15	32	9	0.3	0.15	17.4	29.6	0.3	7.6	6.25	3.42	10	5.95	3.25	17 000	24 000	36 102	46 102
7003C	7003AC	17	35	10	0.3	0.15	19.4	32.6	0.3	8.5	6.60	3.85	11.1	6.30	3.68	16 000	22 000	36 103	46 103
7004C	7004AC	20	42	12	0.6	0.15	25	37	0.6	10.2	10.5	6.08	13.2	10.0	5.78	14 000	19 000	36 104	46 104
7005C	7005AC	25	47	12	0.6	0.15	30	42	0.6	10.8	11.5	7.45	14.4	11.2	7.08	12 000	17 000	36 105	46 105
7006C	7006AC	30	55	13	1	0.3	36	49	1	12.2	15.2	10.2	16.4	14.5	9.85	9 500	14 000	36 106	46 106
7007C	7007AC	35	62	14	1	0.3	41	56	1	13.5	19.5	14.2	18.3	18.5	13.5	8 500	12 000	36 107	46 107
7008C	7008AC	40	68	15	1	0.3	46	62	1	14.7	20.0	15.2	20.1	19.0	14.5	8 000	11 000	36 108	46 108
7009C	7009AC	45	75	16	1	0.3	51	69	1	16	25.8	20.5	21.9	25.8	19.5	7 500	10 000	36 109	46 109
7010C	7010AC	50	80	16	1	0.3	56	74	1	16.7	26.5	22.0	23.2	25.2	21.0	6 700	9 000	36 110	46 110
7011C	7011AC	55	90	18	1.1	0.6	62	83	1	18.7	37.2	30.5	25.9	35.2	29.2	6 000	8 000	36 111	46 111
7012C	7012AC	60	95	18	1.1	0.6	67	88	1	19.4	38.2	32.8	27.1	36.2	31.5	5 600	7 500	36 112	46 112
7013C	7013AC	65	100	18	1.1	0.6	72	93	1	20.1	40.0	35.5	28.2	38.0	38.8	5 300	7 000	36 113	46 113
7014C	7014AC	70	110	20	1.1	0.6	77	103	1	22.1	48.2	43.5	30.9	45.8	41.5	5 000	6 700	36 114	46 114
7015C	7015AC	75	115	20	1.1	0.6	82	108	1	22.7	49.5	46.5	32.2	46.8	44.2	4 800	6 300	36 115	46 115
7016C	7016AC	80	125	22	1.5	0.6	89	116	1.5	24.7	58.5	55.8	34.9	55.5	53.2	4 500	6 000	36 116	46 116
7017C	7017AC	85	130	22	1.5	0.6	94	121	1.5	25.4	62.5	60.2	36.1	59.2	57.2	4 300	5 600	36 117	46 117
7018C	7018AC	90	140	24	1.5	0.6	99	131	1.5	27.4	71.5	69.8	38.8	67.5	66.5	4 000	5 300	36 118	46 118
7019C	7019AC	95	145	24	1.5	0.6	104	136	1.5	28.1	73.5	73.2	40	69.5	69.8	3 800	5 000	36 119	46 119
7020C	7020AC	100	150	24	1.5	0.6	109	141	1.5	28.7	79.2	78.5	41.2	75	74.8	3 800	5 000	36 120	46 120
（0）2 尺寸系列																			
7200C	7200AC	10	30	9	0.6	0.15	15	25	0.6	7.2	5.82	2.95	9.2	5.58	2.82	18 000	26 000	36 200	46 200
7201C	7201AC	12	32	10	0.6	0.15	17	27	0.6	8	7.35	3.52	10.2	7.10	3.35	17 000	24 000	36 201	46 201
7202C	7202AC	15	35	11	0.6	0.15	20	30	0.6	8.9	8.68	4.62	11.4	8.35	4.40	16 000	22 000	36 202	46 202
7203C	7203AC	17	40	12	0.6	0.3	22	35	0.6	9.9	10.8	5.95	12.8	10.5	5.65	15 000	20 000	36 203	46 203
7204C	7204AC	20	47	14	1	0.3	26	41	1	11.5	14.5	8.22	14.9	14.0	7.82	13 000	18 000	36 204	46 204
7205C	7205AC	25	52	15	1	0.3	31	46	1	12.7	16.5	10.5	16.4	15.8	9.88	11 000	16 000	36 205	46 205
7206C	7206AC	30	62	16	1	0.3	36	56	1	14.2	23.0	15.0	18.7	22.0	14.2	9 000	13 000	36 206	46 206
7207C	7207AC	35	72	17	1.1	0.6	42	65	1	15.7	30.5	20.0	21	29.0	19.2	8 000	11 000	36 207	46 207
7208C	7208AC	40	80	18	1.1	0.6	47	73	1	17	36.8	25.8	23	35.2	24.5	7 500	10 000	36 208	46 208
7209C	7209AC	45	85	19	1.1	0.6	52	78	1	18.2	38.5	28.5	24.7	36.8	27.2	6 700	9 000	36 209	46 209

（续）

轴承代号		基本尺寸/mm					安装尺寸/mm			7000C（$\alpha=15°$）			7000AC（$\alpha=25°$）			极限转速/（$r \cdot min^{-1}$）		原轴承代号	
		d	D	B	r_a	r_1	d_a	D_a	r_{as}	a/mm	基本额定		a/mm	基本额定					
					min		/mm	max			动载荷 C_r/kN	静载荷 C_{or}/kN		动载荷 C_r/kN	静载荷 C_{or}/kN	脂润滑	油润滑		
（0）2尺寸系列																			
7210C	7210AC	50	90	20	1.1	0.6	57	83	1	19.4	42.8	32.0	26.3	40.8	30.5	6 300	8 500	36 210	46 210
7211C	7211AC	55	100	21	1.5	0.6	64	91	1.5	20.9	52.8	40.5	28.6	50.5	38.5	5 600	7 500	36 211	46 211
7212C	7212AC	60	110	22	1.5	0.6	69	101	1.5	22.4	61.0	48.5	30.8	58.2	46.2	5 300	7 000	36 212	46 212
7213C	7213AC	65	120	23	1.5	0.6	74	111	1.5	24.2	69.8	55.2	33.5	66.5	52.5	4 800	6 300	36 213	46 213
7214C	7214AC	70	125	24	1.5	0.6	79	116	1.5	25.3	70.2	60.0	35.1	69.2	57.5	4 500	6 000	36 214	46 214
7215C	7215AC	75	130	25	1.5	0.6	84	121	1.5	26.4	79.2	65.8	36.6	75.2	63.0	4 300	5 600	36 215	46 215
7216C	7216AC	80	140	26	2	1	90	130	2	27.7	89.5	78.2	38.9	85.0	74.5	4 000	5 300	36 216	46 216
7217C	7217AC	85	150	28	2	1	95	140	2	29.9	99.8	85.0	41.6	94.8	81.5	3 800	5 000	36 217	46 217
7218C	7218AC	90	160	30	2	1	100	150	2	31.7	122	105	44.2	118	100	3 600	4 800	36 218	46 218
7219C	7219AC	95	170	32	2.1	1.1	107	158	2.1	33.8	135	115	46.9	128	108	3 400	4 500	36 219	46 219
7220C	7220AC	100	180	34	2.1	1.1	112	168	2.1	35.8	148	128	49.7	142	122	3 200	4 300	36 220	46 220
（0）3尺寸系列																			
7301C	7301AC	12	37	12	1	0.3	18	31	1	8.6	8.10	5.22	12	8.08	4.88	16 000	22 000	36 301	46 301
7302C	7302AC	15	42	13	1	0.3	21	36	1	9.6	9.38	5.95	13.5	9.08	5.58	15 000	20 000	36 302	46 302
7303C	7303AC	17	47	14	1	0.3	23	41	1	10.4	12.8	8.62	14.8	11.5	7.08	14 000	19 000	36 303	46 303
7304C	7304AC	20	52	15	1.1	0.6	27	45	1	11.3	14.2	9.68	16.3	13.8	9.10	12 000	17 000	36 304	46 304
7305C	7305AC	25	62	17	1.1	0.6	32	55	1	13.1	21.5	15.8	19.1	20.8	14.8	9 500	14 000	36 305	46 305
7306C	7306AC	30	72	19	1.1	0.6	37	65	1	15	26.5	19.8	22.2	25.2	18.5	8 500	12 000	36 306	46 306
7307C	7307AC	35	80	21	1.5	0.6	44	71	1.5	16.6	34.2	26.8	24.5	32.8	24.8	7 500	10 000	36 307	46 307
7308C	7308AC	40	90	23	1.5	0.6	49	81	1.5	18.5	40.2	32.3	27.5	38.5	30.5	6 700	9 000	36 308	46 308
7309C	7309AC	45	100	25	1.5	0.6	54	91	1.5	20.2	49.2	39.8	30.2	47.5	37.2	6 000	8 000	36 309	46 309
7310C	7310AC	50	110	27	2	1	60	100	2	22	53.3	47.2	33	55.5	44.5	5 600	7 500	36 310	46 310
7311C	7311AC	55	120	29	2	1	65	110	2	23.8	70.5	60.5	35.8	67.2	56.8	5 000	6 700	36 311	46 311
7312C	7312AC	60	130	31	2.1	1.1	72	118	2.1	25.6	80.5	70.2	38.7	77.8	65.8	4 800	6 300	36 312	46 312
7313C	7313AC	65	140	33	2.1	1.1	77	128	2.1	27.4	91.5	80.5	41.5	89.8	75.5	4 300	5 600	36 313	46 313
7314C	7314AC	70	150	35	2.1	1.1	82	138	2.1	29.2	102	91.5	44.3	98.5	86.0	4 000	5 300	36 314	46 314
7315C	7315AC	75	160	37	2.1	1.1	87	148	2.1	31	112	105	47.2	108	97.0	3 800	5 000	36 315	46 315
7316C	7316AC	80	170	39	2.1	1.1	92	158	2.1	32.8	122	118	50	118	108	3 600	4 800	36 316	46 316
7317C	7317AC	85	180	41	3	1.1	99	166	2.5	34.6	132	128	52.8	125	122	3 400	4 500	36 317	46 317
7318C	7318AC	90	190	43	3	1.1	104	176	2.5	36.4	142	142	55.6	135	135	3 200	4 300	36 318	46 318
7319C	7319AC	95	200	45	3	1.1	109	186	2.5	38.2	152	158	58.5	145	148	3 000	4 000	36 319	46 319
7320C	7320AC	100	215	47	3	1.1	114	201	2.5	40.2	162	175	61.9	165	178	2 600	3 600	36 320	46 320
（0）4尺寸系列																			
	7406AC	30	90	23	1.5	0.6	39	81	1				26.1	42.5	32.2	7 500	10 000		46 406
	7407AC	35	100	25	1.5	0.6	44	91	1.5				29	53.8	42.5	6 300	8 500		46 407
	7408AC	40	110	27	2	1	50	100	2				31.8	62.0	49.5	6 000	8 000		46 408
	7409AC	45	120	29	2	1	55	110	2				34.6	66.8	52.8	5 300	7 000		46 409
	7410AC	50	130	31	2.1	1.1	62	118	2.1				37.4	76.5	64.2	5 000	6 700		46 410
	7412AC	60	150	35	2.1	1.1	72	138	2.1				43.1	102	90.8	4 300	5 600		46 412
	7414AC	70	180	42	3	1.1	84	166	2.5				51.5	125	125	4 300	4 800		46 412
	7416AC	80	200	48	3	1.1	94	186	2.5				58.1	152	162	3 200	4 300		46 416

注：表中 C_r 值，对（1）0，（0）2系列为真空脱气轴承钢的载荷能力；对（0）3，（0）4系列为电炉轴承钢的载荷能力。

附表-20　圆锥滚子轴承（摘自 GB/T297—1994）

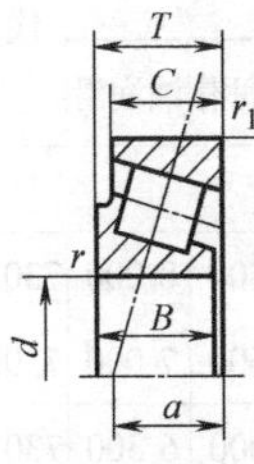

30000型

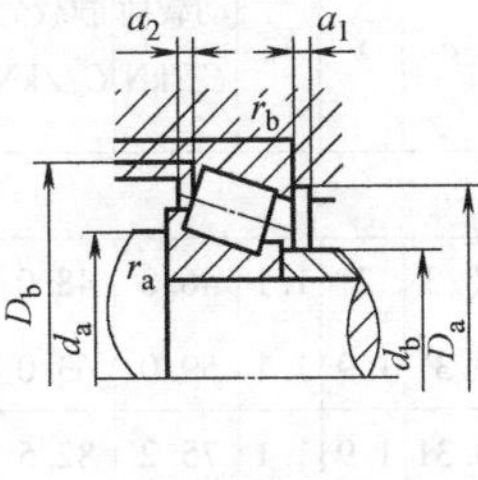

安装尺寸

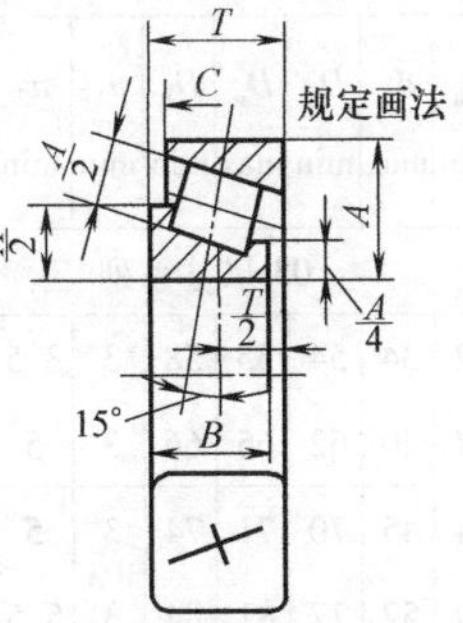

特征画法

径向当量动载荷	当 $\frac{F_a}{F_r} \leqslant e$，$P_r = F_r$ 当 $\frac{F_a}{F_r} > e$，$P_r = 0.4F_r + YF_a$
径向当量静载荷	$P_{or} = F_r$ $P_{or} = 0.5F_r + YF_a$ 取上列两式计算结果的大值

标记示例：滚动轴承 30310 GB/T 297

轴承代号	尺寸/mm					安装尺寸/mm										计算系数			基本额定		极限转速/（r·min⁻¹）		原轴承代号
	d	D	T	B	C	r_a min	r_b min	a ≈	d_a min	d_b max	D_d min	D_a max	D_b min	a_1 min	a_2 min	e	Y	Y_0	动载荷 C_r/kN	静载荷 C_{or}/kN	脂润滑	油润滑	
02 尺寸系列																							
30203	17	40	13.25	12	11	1	1	9.9	23	23	34	34	37	2	2.5	0.35	1.7	1	20.8	21.8	9 000	12 000	7203E
30204	20	47	15.25	14	12	1	1	11.2	26	27	40	41	43	2	3.5	0.35	1.7	1	28.2	30.5	8 000	10 000	7204E
30205	25	52	16.25	15	13	1	1	12.5	31	31	44	46	48	2	3.5	0.37	1.6	0.9	32.2	37.0	7 000	9 000	7205E
30206	30	62	17.25	16	14	1	1	13.8	36	37	53	56	58	2	3.5	0.37	1.6	0.9	43.2	50.5	6 000	7 500	7206E
30207	35	72	18.25	17	15	1.5	1.5	15.3	42	44	62	65	67	3	3.5	0.37	1.6	0.9	54.2	63.5	5 300	6 700	7207E
30208	40	80	19.75	18	16	1.5	1.5	16.9	47	49	69	73	75	3	4	0.37	1.6	0.9	63.0	74.0	5 000	6 300	7208E
30209	45	85	20.75	19	16	1.5	1.5	18.6	52	53	74	78	80	3	5	0.4	1.5	0.8	67.8	83.5	4 500	5 600	7209E
30210	50	90	21.75	20	17	1.5	1.5	20	57	58	79	83	86	3	5	0.42	1.4	0.8	73.2	92.0	4 300	5 300	7210E
30211	55	100	22.75	21	18	2	1.5	21	64	64	88	91	95	4	5	0.4	1.5	0.8	90.8	115	3 800	4 800	7211E
30212	60	110	23.75	22	19	2	1.5	22.3	69	69	96	101	103	4	5	0.4	1.5	0.8	102	130	3 600	4 500	7212E
30213	65	120	24.75	23	20	2	1.5	23.8	74	77	106	111	114	4	5	0.4	1.5	0.8	120	152	3 200	4 000	7213E
30214	70	125	26.25	24	21	2	1.5	25.8	79	81	110	116	119	4	5.5	0.42	1.4	0.8	132	175	3 000	3 800	7214E
30215	75	130	27.25	25	22	2	1.5	27.4	84	85	115	121	125	4	5.5	0.44	1.4	0.8	138	185	2 800	3 600	7215E
30216	80	140	28.25	26	22	2.5	2	28.1	90	90	124	130	133	4	6	0.42	1.4	0.8	160	212	2 600	3 400	7216E
30217	85	150	30.5	28	24	2.5	2	30.3	95	96	132	140	142	5	6.5	0.42	1.4	0.8	178	238	2 400	3 200	7217E
30218	90	160	32.5	30	26	2.5	2	32.3	100	102	140	150	151	5	6.5	0.42	1.4	0.8	200	270	2 200	3 000	7218E
30219	95	170	34.5	32	27	3	2.5	34.2	107	108	149	158	160	5	7.5	0.42	1.4	0.8	228	308	2 000	2 800	7219E
30220	100	180	37	34	29	3	2.5	36.4	112	114	157	168	169	5	8	0.42	1.4	0.8	255	350	1 900	2 600	7220E
03 尺寸系列																							
30302	15	42	14.25	13	11	1	1	9.6	21	22	36	36	38	2	3.5	0.29	2.1	1.2	22.8	21.5	9 000	12 000	7302E
30303	17	47	15.25	14	12	1	1	10.4	23	25	40	41	43	3	3.5	0.29	2.1	1.2	28.2	27.2	8 500	11 000	7303E
30304	20	52	16.25	15	13	1.5	1.5	11.1	27	28	44	45	48	3	3.5	0.3	2	1.1	33.0	33.2	7 500	9 500	7304E

（续）

轴承代号	尺寸/mm							安装尺寸/mm									计算系数		基本定额		极限转速/（r·min^{-1}）		原轴承代号
	d	D	T	B	C	r_a min	r_b min	a ≈	d_a min	d_b max	D_d min	D_a max	D_b min	a_1 min	a_2 min	e	Y	Y_0	动载荷 C_r/kN	静载荷 C_{or}/kN	脂润滑	油润滑	
											03 尺寸系列												
30305	25	62	18.25	17	15	1.5	1.5	13	32	34	54	55	58	3	3.5	0.3	2	1.1	46.8	48.0	6 300	8 000	7305E
30306	30	72	20.75	19	16	1.5	1.5	15.3	37	40	62	65	66	3	5	0.31	1.9	1.1	59.0	63.0	5 600	7 000	7306E
30307	35	80	22.75	21	18	2	1.5	16.8	44	45	70	71	74	3	5	0.31	1.9	1.1	75.2	82.5	5 000	6 300	7307E
30308	40	90	25.25	23	20	2	1.5	19.5	49	52	77	81	84	3	5.5	0.35	1.7	1	90.8	108	4 500	5 600	7308E
30309	45	100	27.25	25	22	2	1.5	21.3	54	59	86	91	94	3	5.5	0.35	1.7	1	108	130	4 000	5 000	7309E
30310	50	110	29.25	27	23	2.5	2	23	60	65	95	100	103	4	6.5	0.35	1.7	1	130	158	3 800	4 800	7310E
30311	55	120	31.5	29	25	2.5	2	24.9	65	70	104	110	112	4	6.5	0.35	1.7	1	152	188	3 400	4 300	7311E
30312	60	130	33.5	31	26	3	2.5	26.6	72	76	112	118	121	5	7.5	0.35	1.7	1	170	210	3 200	4 000	7312E
30313	65	140	36	33	28	3	2.5	28.7	77	83	122	128	131	5	8	0.35	1.7	1	195	242	2 800	3 600	7313E
30314	70	150	38	35	30	3	2.5	30.7	82	89	130	138	141	5	8	0.35	1.7	1	218	272	2 600	3 400	7314E
30315	75	160	40	37	31	3	2.5	32	87	95	139	148	150	5	9	0.35	1.7	1	252	318	2 400	3 200	7315E
30316	80	170	42.5	39	33	3	2.5	34.4	92	102	148	158	160	5	9.5	0.35	1.7	1	278	352	2 200	3 000	7316E
30317	85	180	44.5	41	34	4	3	35.9	99	107	156	166	168	6	10.5	0.35	1.7	1	305	388	2 000	2 800	7317E
30318	90	190	46.5	43	36	4	3	37.5	104	113	165	176	178	6	10.5	0.35	1.7	1	342	440	1 900	2 600	7318E
30319	95	200	49.5	45	38	4	3	40.1	109	118	172	186	185	6	11.5	0.35	1.7	1	370	478	1 800	2 400	7319E
30320	100	215	51.5	47	39	4	3	42.2	114	127	184	201	199	6	12.5	0.35	1.7	1	405	525	1 600	2 000	7320E
											22 尺寸系列												
32206	30	62	21.25	20	17	1	1	15.6	36	36	52	56	58	3	4.5	0.37	1.6	0.9	51.8	63.8	6 000	7 500	7506E
32207	35	72	24.25	23	19	1.5	1.5	17.9	42	42	61	65	68	3	5.5	0.37	1.6	0.9	70.5	89.5	5 300	6 700	7507E
32208	40	80	24.75	23	19	1.5	1.5	18.9	47	48	68	73	75	3	6	0.37	1.6	0.9	77.8	97.2	5 000	6 300	7508E
32209	45	85	24.75	23	19	1.5	1.5	20.1	52	53	73	78	81	3	6	0.4	1.5	0.8	80.8	105	4 500	5 600	7509E
32210	50	90	24.75	23	19	1.5	1.5	21	57	57	78	83	86	3	6	0.42	1.4	0.8	82.8	108	4 300	5 300	7510E
32211	55	100	26.75	25	21	2	1.5	22.8	64	62	87	91	96	4	6	0.4	1.5	0.8	108	142	3 800	4 800	7511E
32212	60	110	29.75	28	24	2	1.5	25	69	68	95	101	105	4	6	0.4	1.5	0.8	132	180	3 600	4 500	7512E
32213	65	120	32.75	31	27	2	1.5	27.3	74	75	104	111	115	4	6	0.4	1.5	0.8	160	222	3 200	4 000	7513E
32214	70	125	33.25	31	27	2	1.5	28.8	79	79	108	116	120	4	6.5	0.42	1.4	0.8	168	238	3 000	3 800	7514E
32215	75	130	33.25	31	27	2	1.5	30	84	84	115	121	126	4	6.5	0.44	1.4	0.8	170	242	2 800	3 600	7515E
32216	80	140	35.25	33	28	2.5	2	31.4	90	89	122	130	135	5	7.5	0.42	1.4	0.8	198	278	2 600	3 400	7516E
32217	85	150	38.5	36	30	2.5	2	33.9	95	95	130	140	143	5	8.5	0.42	1.4	0.8	228	325	2 400	3 200	7517E
32218	90	160	42.5	40	34	2.5	2	36.8	100	101	138	150	153	5	8.5	0.42	1.4	0.8	270	395	2 200	3 000	7518E
32219	95	170	45.5	43	37	3	2.5	39.2	107	106	145	158	163	5	8.5	0.42	1.4	0.8	302	448	2 000	2 800	7519E
32220	100	180	49	46	39	3	2.5	41.9	112	113	154	168	172	5	10	0.42	1.4	0.8	340	512	1 900	2 600	7520E

附表-21　安装向心轴承的孔公差带代号（摘自 GB/T 275—1993）

运转状态		载荷状态	其他状况	公差带①	
说明	举例			球轴承	滚子轴承
固定的外圈载荷	一般机械、铁路机车车辆轴箱、电动机、泵、曲轴主轴承	轻、正常、重	轴向易移动，可采用剖分式外壳	H7、G7②	
		冲击	轴向能移动，可采用整体或剖分式外壳	J7、Js7	
摆动载荷		轻、正常			
		正常、重	轴向不移动，采用整体式外壳	K7	
		冲击		M7	
旋转的外圈载荷	张紧滑轮、轮毂轴承	轻		J7	K7
		正常		K7、M7	M7、N7
		重		—	N7、P7

① 并列公差带随尺寸的增大从左至右选择，对旋转精度有较高要求时，可相应提高一个公差等级。

② 不适用于剖分式外壳。

附表-22　安装推力轴承的轴和孔公差带代号（摘自 GB/T 275—1993）

运转状态	载荷状态	安装推力轴承的轴公差带		安装推力轴承的外壳孔公差带	
		轴承类型	公差带	轴承类型	公差带
仅有轴向载荷		推力球、推力滚子轴承	j6、js6	推力球轴承	H8
				推力圆柱、圆锥滚子轴承	H7

附表-23　轴和外壳孔的几何公差（摘自 GB/T 275—1993）

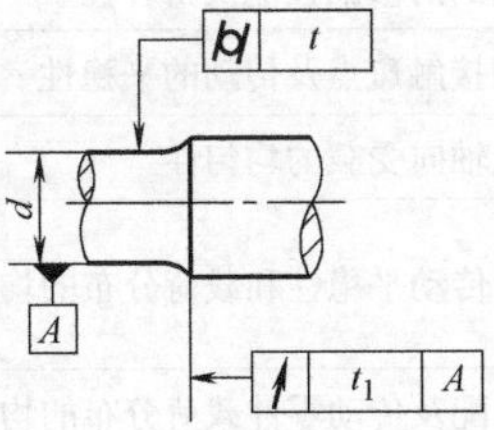

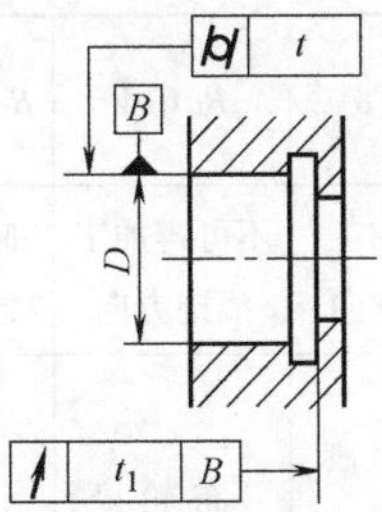

基本尺寸/mm		圆柱度 t				端面圆跳动 t_1			
		轴颈		外壳孔		轴肩		外壳孔肩	
		轴承公差等级							
		/P0	/P6 (/P6x)	/P0	/P6 (/P6x)	/P0	/P6 (/P6x)	/P0	/P6 (/P6x)
大于	至	公差值/μm							
—	6	2.5	1.5	4	2.5	5	3	8	5
6	10	2.5	1.5	4	2.5	6	4	10	6
10	18	3.0	2.0	5	3.0	8	5	12	8
18	30	4.0	2.5	6	4.0	10	6	15	10
30	50	4.0	2.5	7	4.0	12	8	20	12
50	80	5.0	3.0	8	5.0	15	10	25	15
80	120	6.0	4.0	10	6.0	15	10	25	15
120	180	8.0	5.0	12	8.0	20	12	30	20
180	250	12.0	7.0	14	10.0	20	12	30	20
250	315	12.0	8.0	16	12.0	25	15	40	25

注：轴承公差等级新、旧标准代号对照为：/P0—G 级；/P6—E 级；/P6x—Ex 级。

附表-24　减速器主要零件的荐用配合

配 合 零 件	荐 用 配 合	装 拆 方 法
一般情况下的齿轮、蜗轮、带轮、链轮、联轴器与轴的配合	$\frac{H7}{r6},\frac{H7}{n6}$	用压力机
小锥齿轮及常拆卸的齿轮、带轮、链轮、联轴器与轴的配合	$\frac{H7}{m6},\frac{H7}{k6}$	用压力机或手锤打入
蜗轮轮缘与轮芯的配合	轮箍式：H7/js6 螺栓联接式：H7/h6	加热轮缘或用压力机推入
轴套、挡油盘、溅油盘与轴的配合	$\frac{D11}{k6},\frac{F9}{k6},\frac{F9}{m6},\frac{H8}{h7},\frac{H8}{h8}$	徒手装配与拆卸
轴承套杯与箱体孔的配合	$\frac{H7}{js6},\frac{H7}{h6}$	
轴承盖与箱体孔（或套杯孔）的配合	$\frac{H7}{d11},\frac{H7}{h8}$	
嵌入式轴承盖的凸缘与箱体孔凹槽之间的配合	$\frac{H11}{h11}$	
与密封件相接触轴段的公差带	f9，h11	

附表-25　箱体的荐用几何公差

类　别	标 注 项 目	精度等级	对工作性能的影响
形状公差	轴承座孔的圆柱度	7	影响箱体与轴承的配合性能及对中性
	分箱面的平面度	7	影响箱体剖分面的防渗漏性能及密合性
位置公差	轴承座孔中心线间的平行度	6	影响传动零件的接触斑点及传动的平稳性
	轴承座孔的端面对其中心线的垂直度	7~8	影响轴承固定及轴向受载的均匀性
	锥齿轮减速器轴承座孔中心线间的垂直度	7	影响传动零件的传动平稳性和载荷分布的均匀性
	两轴承座孔中心线的同轴度	6~7	影响减速器的装配及传动零件载荷分布的均匀性

附表-26　表面粗糙度的参考值及对应的加工方法（摘自 GB/T 1031—2009）

粗糙度	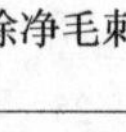	*Ra*25	*Ra*12.5	*Ra*6.3	*Ra*3.2	*Ra*1.6	*Ra*0.8	*Ra*0.4	*Ra*0.2
表现状态	除净毛刺	微见刀痕	可见加工痕迹	微见加工痕迹	看不见加工痕迹	可辨加工痕迹方向	微辨加工痕迹方向	不可辨加工痕迹方向	暗光泽面
加工方法	铸，锻，冲压，热轧，冷轧，粉末冶金	粗车，刨，立铣，平铣，钻	车，镗，刨，钻，平铣，立铣，锉，粗铰，磨，铣齿	车，镗，刨，铣，刮 1~2 点/cm^2，拉，磨，锉，滚压，铣齿	车，镗，刨，铣，铰，拉，磨，滚压，铣齿，刮 1~2 点/cm^2	车，镗，拉，磨，立铣，铰，滚压，刮 3~10 点/cm^2	铰，磨，镗，拉，滚压，刮 3~10 点/cm^2	布轮磨，磨，研磨，超精加工	超精加工

附表-27　典型零件表面粗糙度的参选择（摘自 GB/T 1031—2009）

表面特性	部　位	表面粗糙度 *Ra* 值（不大于）/μm		
键与键槽	工作表面	6.3		
	非工作表面	12.5		
齿轮	加工面	齿轮的精度等级		
		7	8	9
	齿面	0.8	1.6	3.2
	外面	1.6~3.2		3.2~6.3
	端面	0.8~3.2		3.2~6.3
滚动轴承配合面	轴承座孔直径/mm	轴或外壳配合表面的直径公差等级		
		IT5	IT6	IT7
	≤80	0.4~0.8	0.8~1.6	1.6~3.2
	80~500	0.8~1.6	1.6~3.2	1.6~3.2
	端面	1.6~3.2	3.2~6.3	
传动件、联轴器等轮毂与轴的配合表面	轴	1.6~3.2		
	轮毂			
轴端面、倒角、螺栓孔等非配合表面		12.5~25		
轴密封处的表面	毡圈式	橡胶密封式		油沟及迷宫式
	与轴接触处的圆周速度/（m·s⁻¹）			
	≤3	3~5	5~10	1.6~3.2
	0.8~1.6	0.4~0.8	0.2~0.4	
箱体剖分面		1.6~3.2		
观察孔与盖的接触面，箱体底面		6.3~12.5		
定位销孔		0.8~1.6		

附表-28　不同机器中常用的齿轮精度等级

机器类别	精度等级	机器类别	精度等级	机器类别	精度等级
测量齿轮	3~5	轻型汽车	5~8	一般减速器 高硬齿面	4~7
透平机用减速器	3~6	重型汽车	6~9	中低硬齿面	6~8
金属切削机床	3~8	内燃机车、电气机车	5~8	起重机械	7~10
航空发动机	4~7	拖拉机、轧钢设备的小齿轮	6~10	农用机械	8~11

附表-29 常用润滑油的主要性能和用途

名称	代号	运动黏度(mm²·s⁻¹) 40/℃	倾点/℃≤	闪点(开口)/℃≥	主要用途
全损耗系统用油(GB/T 443—1989)	L-AN5	4.14~5.06	-5	80	用于各种高速轻载机械轴承的润滑和冷却(循环式或油箱式)，如转速在10000r/min以上的精密机械、机床及纺织纱锭的润滑和冷却
	L-AN7	6.12~7.48		110	
	L-AN10	9.00~11.0		130	
	L-AN15	13.5~16.5		150	用于小型机床齿轮箱、传动装置轴承、中小型电动机、风动工具等
	L-AN22	19.8~24.2			
	L-AN32	28.8~35.2			用于一般机床齿轮变速箱、中小型机床导轨及100kW以上电动机轴承
	L-AN46	41.4~50.6		160	主要用在大型机床、大型刨床上
	L-AN68	61.2~74.8			
	L-AN100	90.0~110		180	主要用在低速重载的纺织机械及重型机床、锻压、铸工设备上
	L-AN150	135~165			
工业闭式齿轮油(GB/T 5903—1995)	L-CKC68	61.2~74.8	-8	180	适用于煤炭、水泥、冶金工业部门大型封闭式齿轮传动装置的润滑
	L-CKC100	90.0~110			
	L-CKC150	135~165		200	
	L-CKC220	198~242			
	L-CKC320	288~352			
	L-CKC460	414~506			
	L-CKC680	612~748	-5	220	
液压油(GB/T 11118.1—1994)	L-HL15	13.5~16.5	-12	140	适用于机床和其他设备的低压齿轮泵，也可用于使用其他抗氧防锈型润滑油的机械设备(如轴承和齿轮等)
	L-HL22	19.8~24.2	-9		
	L-HL32	28.8~35.2	-6	160	
	L-HL46	41.4~50.6		180	
	L-HL68	61.2~74.8			
	L-HL100	90.0~110			
汽轮机油(GB/T 11120—1989)	L-TSA32	28.8~35.2	-7	180	适用于电力、工业、船舶及其他工业汽轮机组、水轮机组的润滑
	L-TSA46	41.4~50.6			
	L-TSA68	61.2~74.8		195	
	L-TSA100	90.0~110			
L-CKE/P蜗轮蜗杆油(SH0094—1991)	220	198~242	-12		用于铜-钢配对的圆柱形、承受重负荷、传动中有振动和冲击的蜗轮蜗杆副
	320	288~352			
	460	414~506			
	680	612~748			
	1000	900~1100			

附表-30　常用润滑脂的主要性能和用途

名　称	代号	滴点/℃ （不低于）	工作锥入度 （25℃，150g）× （1/10）/mm	主要用途
钙基润滑脂 GB/T 491—2008	ZG-1	80	310～340	有耐水性能。用于工作温度低于55～60℃的各种工农业、交通运输机械设备轴承的润滑，特别是有水或潮湿的场合
	ZG-2	85	265～295	
	ZG-3	90	220～250	
	ZG-4	95	175～205	
钠基润滑脂 （GB/T 492—1989）	ZN-2	160	265～295	不耐水或不耐潮湿。用于工作温度在－10～110℃范围内的一般中负荷机械设备轴承的润滑
	ZN-3		220～250	
通用锂基润滑脂 （GB/T 7324—1994）	ZL-1	170	310～340	有良好的耐水性和耐热性。适用于温度在－20～120℃范围内的各种机械的滚动轴承、滑动轴承及其他摩擦部位的润滑
	ZL-2	175	265～295	
	ZL-3	180	220～250	
钙钠基润滑脂 （SH/T 0368—1992）	ZGN-2	120	250～290	用于工作温度在80～100℃范围内，有水分或较潮湿环境中工作的机械的润滑。多用于铁路机车、列车、小电动机、发电机中滚动轴承（温度较高者）的润滑，不适于低温工作
	ZGN-3	135	200～240	
石墨钙基润滑脂 （SH/T 0369—1992）	ZG-S	80	—	人字齿轮，起重机、挖掘机的底盘齿轮，矿山机械、绞车钢丝绳等高负荷、高压力、低速度的粗糙机械润滑及一般开式齿轮润滑，能耐潮湿
滚珠轴承脂 （SH/T 0386—1992）	ZGN69-2	120	250～290 （－40℃时为30）	用于机车、汽车、电动机及其他机械的滚动轴承润滑
7407号齿轮润滑脂 （SH/T 0469—1994）		160	75～90	适用于各种低速，中、重载荷齿轮、链和联轴器等的润滑，使用温度≤120℃，可承受冲击载荷
高温润滑脂 （GB/T 11124—1989）	7014-1号	280	62～75	适用于高温下各种滚动轴承的润滑，也可用于一般滑动轴承和齿轮的润滑，使用温度为－40～200℃

参 考 文 献

[1] 王宏臣，刘永利．机械设计基础［M］．天津：天津大学出版社，2010.

[2] 王宏臣，刘永利．机构设计与零部件应用［M］．天津：天津大学出版社，2009.

[3] 万苏文．机械设计基础课程设计［M］．重庆：重庆大学出版社，2009.

[4] 罗红专．机械设计基础课程设计［M］．北京：机械工业出版社，2013.

[5] 曾宗福．机械设计基础课程设计［M］．北京：化学工业出版社，2008.

[6] 金潇明．机械设计基础［M］．长沙：中南大学出版社，2006.

[7] 李敏．机械设计基础课程设计［M］．哈尔滨：哈尔滨工程大学出版社，2009.

[8] 孙宝钧．机械设计基础［M］．北京：机械工业出版社，2003.

[9] 李靖宇．机械设计基础课程设计指导［M］．大连：大连理工大学出版社，2009.

[10] 游文明．机械设计基础课程设计［M］．北京：高等教育出版社，2011.

[11] 彭宇辉．机械设计基础课程设计指导与简明手册［M］．长沙：中南大学出版社，2009.